轻稀土尾矿库周边植物恢复模式及其土壤修复效应评价

魏光普　于晓燕　著

中国农业大学出版社
·北京·

内 容 简 介

本书以包头市轻稀土尾矿库及库区周边为研究背景,系统地研究了轻稀土尾矿库周边植物的多样性、土壤中轻稀土的分布特征、富集植物修复土壤中轻稀土的效应及其评价效果等内容。本书可作为景观生态学、风景园林学等相关专业硕士研究生使用教材。

图书在版编目(CIP)数据

轻稀土尾矿库周边植物恢复模式及其土壤修复效应评价/魏光普,于晓燕著.—北京:中国农业大学出版社,2019.12
ISBN 978-7-5655-2299-4

Ⅰ.①轻⋯ Ⅱ.①魏⋯②于⋯ Ⅲ.①稀土元素矿床-尾矿-植物-生态恢复-研究 ②稀土元素矿床-尾矿-土壤污染-修复-研究 Ⅳ.①X171.4 ②X751

中国版本图书馆 CIP 数据核字(2019)第 247407 号

书　　名	轻稀土尾矿库周边植物恢复模式及其土壤修复效应评价
作　　者	魏光普　于晓燕　著

策划编辑	梁爱荣	责任编辑	张　妍
封面设计	郑　川		
出版发行	中国农业大学出版社		
社　　址	北京市海淀区圆明园西路 2 号	邮政编码	100193
电　　话	发行部 010-62733489,1190	读者服务部 010-62732336	
	编辑部 010-62732617,2618	出　版　部 010-62733440	
网　　址	http://www.caupress.cn	**E-mail** cbsszs@cau.edu.cn	
经　　销	新华书店		
印　　刷	涿州市星河印刷有限公司		
版　　次	2019 年 12 月第 1 版　2019 年 12 月第 1 次印刷		
规　　格	787×1 092　16 开本　8.25 印张　150 千字		
定　　价	49.00 元		

图书如有质量问题本社发行部负责调换

前　　言

　　本书试图在总结过去研究工作的基础上，阐述植物群落恢复土壤生态环境的基础理论、技术方法，为园林植物生态修复矿山环境研究提供理论基础。全书共分6章，第1章是对尾矿库污染的由来和现状进行介绍；第2章是对尾矿库周边2017年植物和植物群落进行调研分析；第3章是植物群落对尾矿库周边土壤的物理、化学性质以及轻稀土污染的恢复效应进行分析；第4章是筛选轻稀土富集植物及菌根环保盆的应用技术方法；第5章是总结研究的主要内容；第6章是展望未来技术的研究方向。

　　本书在对比土壤物理、化学性质和轻稀土污染单一修复的植物群落模式，结合菌根的方法构建综合修复土壤生态环境的植物群落模式。在开展新技术、新方法的应用实践等方面有许多独到见解。本书可作为矿山生态修复的科研参考书或者园林类、环境工程类专业的研究生教材。

　　本书是多学科跨界融合的科学研究性资料，对稀土资源较多的矿山、城市生态环境治理具有较好的指导意义。

编　者

2019 年 10 月 1 日

目　　录

第 1 章 绪 论

稀土是元素周期表中 17 种镧系元素的总称,包括镧 La、铈 Ce、镨 Pr、钕 Nd、钷 Pm、钐 Sm、铕 Eu、钆 Gd、铽 Tb、镝 Dy、钬 Ho、铒 Er、铥 Tm、镱 Yb、镥 Lu,钪 Sc 和钇 Y 也是其同族元素。稀土元素总含量克拉克值达到 234.51%,比常见的其他元素例如铜 Cu(克拉克值 10%)、铅 Pb(克拉克值 1.6%)、锌 Zn(克拉克值 5%)、锡 Sn(克拉克值 4%)、镍 Ni(克拉克值 8%)都多。轻稀土和中、重稀土元素的分类是依据元素原子量及物理化学性质,元素周期表镧系中前 7 种元素为轻稀土,包括 La、Ce、Pr、Nd、Pm、Sm 和 Eu,其余 10 种元素为中、重稀土,包括 Tb、Dy、Ho、Er、Tm、Yb、Lu、Y、Sc 和 Gd,轻稀土在地壳中所占含量大于中、重稀土。稀土已在新能源和航空航天等领域中广泛应用,日常生活中也随处可见,是世界各国经济发展中的重要组成部分,被誉为"工业维生素"。稀土对植物的矿物质营养吸收、提高产品质量、改善其根系活力和加快植物光合作用等植物生理效应具有促进作用,它还可以提升植物诸多抗逆能力,如抗病虫害、抗酸雨、抗紫外线辐射和抗重金属等不利环境因素的能力,有利于提高植物抗不良环境影响的生态效应。但稀土对植物的这些有利生理效应与植物在土壤中的稀土浓度有直接关系,呈现"低促高抑"的 Hormesis 效应,即土壤中稀土元素含量较低时对植物生长发育有利,当含量较高时则会抑制植物生长或致其死亡。稀土的 Hormesis 效应导致稀土在广泛开发利用的同时,也会使土壤环境遭受严重破坏。稀土元素从土壤到植物再到动物体内的转移,为人类健康埋下了严重隐患。因此,为合理利用稀土资源和保护生态环境安全,2012 年国务院新闻办发布的《中国稀土状况与政策》白皮书中强调,要实现稀土资源的边开发边保护,修复生态环境,让稀土产业与生态环境协调发展,并建立稀土矿山生态环境恢复评价机制。

世界各国均有稀土元素分布,2015 年美国地质调查局(USGS)数据显示,地球上稀土总存储量约为 1.3 亿 t(稀土氧化物),见表 1-1。中国稀土存储量居世界第一位,占总量的 42.31%,此外中国稀土还具有稀土元素齐全、矿种和稀土品位高等特点。截至 2018 年,中国 2/3 以上省份发现稀土,共有上千处稀土矿点、矿床。内蒙古和四川凉山分布的主要是轻稀土矿;江西赣州和福建龙岩分布的主要是中、重(离子型)稀土矿;此外山东、湖南、贵州、广西和新疆等地均发现稀土矿。中国稀土资源 98% 分布在内蒙古、山东和四川等地,见图 1-1。内蒙古包头市白云鄂博地区的轻稀土储量占中国稀土总存储量 85%，占世界 38%。包头地区的轻稀土与铁、铜等多金属形成共生，白云鄂博矿山主要包含 3:1 的氟碳铈和独居石，被称为世界第一矿。由于稀土矿的规模化、工业化开采过程中伴随着放射性元素铀和钍的污染，因此政府和企业需要高度重视当地人居环境和生态安全。

表 1-1　地球稀土储量

Table 1-1　Rare earth reserves　　　　　　　　　$\times 10^4$ t

序号 Number	国家 Countries	储量 Reserves
1	中国 CHINA	5500
2	巴西 BRAZIL	2200
3	澳大利亚 AUSTRALIA	320
4	印度 INDIA	310
5	美国 AMERICA	180
6	马来西亚 MALAYSIA	3
7	其他国家 Others	4100
	合计 Total	13000

来源：USGS。　　　　　　　　　　　　　　　　稀土氧化物

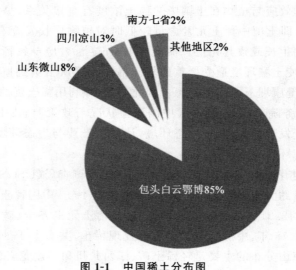

图 1-1　中国稀土分布图

Fig. 1-1　Rare earth distribution in China

1.1　研究区概况

1.1.1　区域位置概括

　　包头市位于内蒙古中南部,面积约 27691 km^2,人口约 285.8 万,与呼和浩特市和鄂尔多斯市相邻,被誉为世界稀土之都,也是我国重工业基地。包头市位于黄河"几"字的中心位置,黄河位于包头市城区以南 15 km 处,由西向东共计 214 km 黄河流经包头市辖区。城市坐标(109°50′E,111°25′N),区域位置见图 1-2。

　　包头市海拔 1067.2 m,城市东西距离长,南北距离短,北临大青山(阴山山脉),南面黄河,1954 年建市。包头市属于半干旱、中温带大陆性季风型气候,四季分明温度适宜。2017 年年平均气温 7.2℃,最高气温 35.5℃,最低气温 −27.6℃;年平均风速 1.8 m/s;年降水量 421.8 mm;年日照时数 2882.2 h;辖区包括 14.49％山地,75.51％丘陵草原,10％平原,野生植物共有 95 科,380 属,843 种。

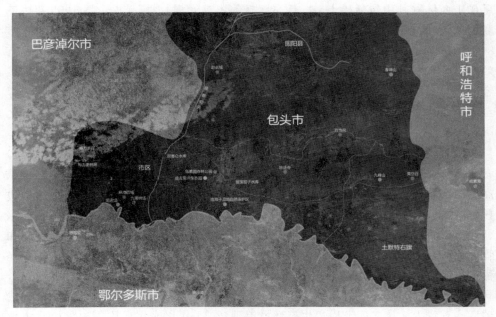

图 1-2　包头位置示意图

Fig. 1-2　Schematic diagram of Baotou position

1.1.2　轻稀土尾矿库概括

包头轻稀土尾矿库隶属于内蒙古自治区包头钢铁集团,是白云鄂博稀土矿开采、冶炼后的矿渣堆放地。尾矿库的环境恢复、景观美学、资源再利用、防止溃坝等问题是一个世界性难题。

包头轻稀土尾矿库坐标(109°42′E, 40°39′N)。地势北高南低,平均坡度为0.4%。自然气候条件较差,冬、春两季风沙大(以西北风为主)。尾矿库区北部和西北部为栗钙土,其余区域为草甸土。优势种为禾本科的赖草 *Leymus secalinus*、芦苇 *Phragmites australis*,藜科的碱蓬 *Suaeda glauca*、猪毛菜 *Salsola collina*等。尾矿库是包钢选矿厂重要的生产、安全、环保设施,是国家重要的稀土、铌等战略资源储备库。轻稀土尾矿库位于包头市城区西侧 15 km 处,黄河以南 12 km处,南部距离包兰铁路 250~400 m。库区南北长 3.5 km,东西宽约 3.2 km,坝体总长 11.5 km,总面积约为 11.2 km²,属于平地型、国家二等尾矿库。尾矿库生产工艺采用直径 φ85 m 机械浓缩机分级浓缩、坝前分散放矿、上游式机械筑坝工艺。目前库区汇水面积约 8.347 km²,水域面积约 4.18 km²,水域最深处约 7 m,贮存尾矿 1.8 亿 t(其中包括稀土、铁、铌、钛、钍等各种元素)。尾矿库方案 1955 年由苏联编制设计,1957 年由鞍山矿院完成设计,1959 年开始建设,1963 年建成,1965 年8 月投入使用。设计堆积坝标高为 1045 m,坝高 20 m,总库容为 0.85 亿 m³,有效库容为 0.6883 亿 m³。1995 年 4 月鞍山冶金设计研究院对尾矿库进行加高扩容改造设计施工,加高 20 m(分两期进行,每期 10 m),最终标高 1065 m(一期工程至 1055 m,已于 2004 年完成),设计增加库容 1.65 亿 m³,总有效库容为 2.3 亿m³,最终贮存量为 2.8 亿 t,见图 1-3。

包头轻稀土尾矿库自 1965 年使用至今已超过 50 年,隶属于包头钢铁(集团)有限责任公司(以下简称"包钢"),包钢于 2011 年年底被列入国家绿色矿山建设试点单位,为保护尾矿库生态环境,包头市政府和包钢投入大量资金改善尾矿库周边村庄的居住环境,并对轻稀土尾矿库采取了防渗漏、防扬尘和防流失等严格环保综合管理措施,取得了较好的效果。包钢选矿厂采取一系列切实可行的工程措施和管理手段,多管齐下、综合治理,加大对尾矿库环境保护和生态恢复力度。包头轻稀土尾矿库重视扬尘治理,采用分散放矿方式,使冲击滩表面得到充分湿润、结壳,同时开展喷淋、覆盖等试验,利用远程喷雾器喷雾等措施,有效抑制扬尘。包钢选矿厂一直致力于尾矿库及周边生态环境治理,2011 年以来尾矿库周边种植乔木数万株,绿化面积超过 20 万 m²。尾矿库坝坡采用团粒喷播植被技术,绿化面积达60 万 m²,坝坡绿化实现了全覆盖,尾矿库周边环境得到了初步改善,见图 1-4。

图 1-3　轻稀土尾矿库位置示意图

Fig. 1-3　Schematic diagram of light rare earth tailings pond location

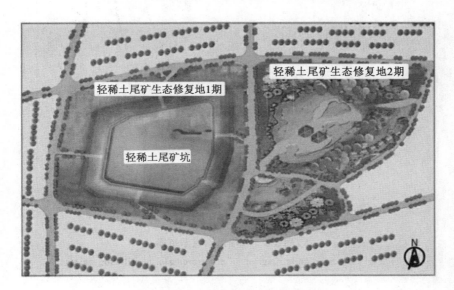

图 1-4　轻稀土尾矿库修复规划图

Fig. 1-4　Light rare earth tailings pond restoration plan

1.1.3 轻稀土尾矿库周边自然环境概括

包头轻稀土尾矿库区域环境监测点示意图见图 1-5。

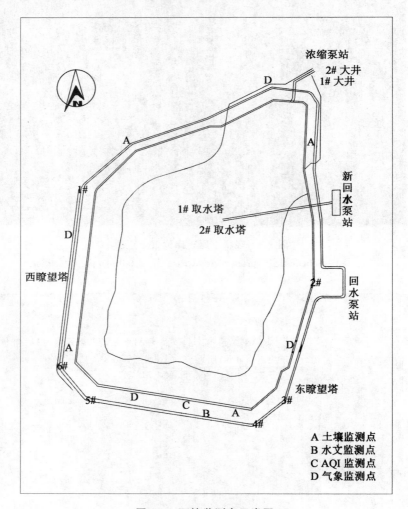

图 1-5 环境监测点示意图

Fig. 1-5 Schematic diagram of environmental monitoring points

1. 轻稀土尾矿库气象条件概况

①降水:年平均降水量 315.6 mm,多集中在 7—8 月;12 月至翌年 2 月降水量

最少,不足全年平均降水量的 3%。②温度:年平均气温 7.6℃,1月气温最低为 $-13.1℃$,7月气温最高为 21.8℃。结霜期为每年 9 月下旬,翌年 5 月霜期结束,全年无霜期仅 151 天。③光照:年平均日照数高达 3176 h,总太阳辐射量 133.8 kcal/cm² (1 cal=4.185 J),全年光照充足,光照主要集中在 4—9 月,单月最高光照为每年 5 月,单月辐射量达 16.36 kcal/cm²。④蒸发量:最大蒸发量为 5—6 月,9 月开始降低,11 月显著降低,每年 12 月至翌年 2 月蒸发量最小,地面年平均蒸发量为 250~330 mm。

2. 土壤

轻稀土尾矿库周边以栗钙土、浅色草甸土、盐渍化沼泽土为主,西北部荒废农田主要分布着栗钙土,东、南、西侧的湿地和撂荒地主要分布着中、重度浅色草甸土,尾矿库下游区域主要分布着盐渍化沼泽土。土壤含盐量偏高,pH 呈碱性。土壤中有机质含量大于 1%,但受到矿沙浮尘影响,土壤中稀土等元素含量高,土壤表层以黑、灰色粉状沙粒为主。

3. AQI 指数

AQI(Air Quality Index)是指空气质量指数,包括 PM2.5,PM10,SO_2 和 NO_2。轻稀土尾矿库由于长时间为露天围坝型尾矿库,因此周边空气环境污染严重,2010—2014 年年平均 AQI 监测数值呈上升趋势,2014—2016 年年平均 AQI 监测数值呈下降趋势;每年的 6、7、8 和 9 月平均 AQI 数值最低,见表 1-2。

表 1-2 AQI 监测数值

Table 1-2 AQI monitoring values μg/m³

类别 Type	2016.1	2016.2	2016.3	2016.4	2016.5	2016.6	2016.7	2016.8	2016.9	2016.10	2016.11	2016.12
PM2.5	54	49	59	39	45	32	31	28	28	45	74	78
PM10	102	87	153	128	133	77	59	67	68	96	158	121
SO_2	50	45	34	21	20	19	18	18	21	29	43	50
NO_2	40	36	42	34	31	31	28	31	39	45	57	58

类别 Type	2015.1	2015.2	2015.3	2015.4	2015.5	2015.6	2015.7	2015.8	2015.9	2015.10	2015.11	2015.12
PM2.5	77	62	45	35	37	31	36	31	32	46	73	101
PM10	146	125	123	96	110	76	84	79	69	110	122	169
SO_2	76	58	47	32	24	18	26	24	23	34	45	59
NO_2	57	41	39	36	31	29	32	35	37	47	46	60

续表 1-2

类别 Type	2014.1	2014.2	2014.3	2014.4	2014.5	2014.6	2014.7	2014.8	2014.9	2014.10	2014.11	2014.12
PM2.5	97	83	50	49	46	34	34	36	42	62	65	64
PM10	231	150	183	177	190	105	90	93	110	166	157	152
SO_2	132	90	76	38	41	29	31	31	31	41	45	44
NO_2	60	52	45	41	37	37	38	41	47	53	54	49

类别 Type	2013.1	2013.2	2013.3	2013.4	2013.5	2013.6	2013.7	2013.8	2013.9	2013.10	2013.11	2013.12
PM10	137	82	101	84	115	69	66	54	83	160	191	201
SO_2	118	71	62	39	36	22	23	22	37	67	100	132
NO_2	58	39	40	29	32	28	32	24	38	56	55	60

类别 Type	2012.1	2012.2	2012.3	2012.4	2012.5	2012.6	2012.7	2012.8	2012.9	2012.10	2012.11	2012.12
PM10	100	67	98	114	95	68	74	62	73	97	124	124
SO_2	104	65	75	49	34	30	29	29	37	56	73	73
NO_2	51	42	44	33	38	34	38	37	38	43	41	41

类别 Type	2011.1	2011.2	2011.3	2011.4	2011.5	2011.6	2011.7	2011.8	2011.9	2011.10	2011.11	2011.12
PM10	85	98	100	142	89	83	75	68	67	91	114	125
SO_2	90	78	71	48	38	33	38	32	38	57	73	106
NO_2	40	43	39	38	38	38	40	34	32	48	49	54

类别 Type	2010.1	2010.2	2010.3	2010.4	2010.5	2010.6	2010.7	2010.8	2010.9	2010.10	2010.11	2010.12
PM10	107	103	141	84	108	89	74	66	68	85	142	105
SO_2	90	80	72	45	46	33	27	31	34	50	85	87
NO_2	48	38	42	42	40	42	33	31	35	50	46	37

来源：中国生态环境部数据中心。

1.2　研究背景及研究意义

1.2.1　研究背景

中国稀土产量及消费量均居世界第一。据美国审计总署（GAO）的统计数据显示,2010 年前中国稀土供应量占世界 97%,其中稀土氧化物 97%、合金 89%、钕铁硼磁铁 75%、钐钴磁铁 60%。2013 年和 2014 年中国稀土产量居世界第一,见图 1-6。

图 1-6　世界各国稀土矿山年产量(以稀土氧化物计,单位 t)

Fig. 1-6　The world's annual output of rare earth mines

来源:美国地质调查局。

1.轻稀土尾矿库严重破坏生态环境

国务院批复同意的《全国矿产资源规划(2016—2020 年)》中指出,内蒙古包头市是我国稀土储量的六大能源基地之首,稀土总储量约为 3500 万 t。截至目前包头轻稀土尾矿库堆积物包括至少 930 万 t 轻稀土矿渣,因此,包头轻稀土尾矿库被列为我国"矿山地质环境重点治理区"。包头轻稀土尾矿库是国内最大的平地围坝型尾矿库,2011 年以前尾矿库内无防渗漏和防扬尘设施,在轻稀土开采和使用过程严重破坏土壤环境和植物,导致土壤板结、污染和水土流失,产生植物大量死亡等问题。轻稀土具有迁移能力较差、在土壤中滞留时间长和吸附力强等特点,外源稀土进入土壤中,表层土壤会大量积累稀土元素。在土壤中长期且大量非自然存积稀土元素必定会对土壤及生态系统产生不良影响。轻稀土的过度开采给生命健康和生态环境带来许多问题:一是周边土壤、地下水污染严重,农田荒废;二是周边植物群落发生退化,群落演替处于较低水平,稳定性较差,动植物数量和种类不断减少;三是轻稀土尾矿库附近的打拉亥村农牧业破坏严重,生态环境逐渐恶化,新光村和打拉亥村等 7 个村落约 5000 名村民被迫实施移民搬迁工程。

2.轻稀土尾矿库恢复植被退化严重

稀土大量开采和简单的开采工艺导致尾矿库周边植被大量死亡、植物群落破坏、景观生态受损严重。研究显示土壤中含有高浓度稀土会大大降低植物发芽率，限制植物根系生长；大量、长时间使用稀土类肥料会导致外源稀土不断进入土壤环境中，导致稀土污染表层土壤。由于尾矿库地势北高南低，夏季南侧地表污水散发出难闻的气味，同时造成大量树木死亡。植物群落单一、生物多样性低等问题导致植物群落稳定性下降。2011 年在尾矿库围墙内 300 m 和围墙外 700 m 范围进行人工植被恢复工程，通过 6 年连续调查发现，成活率逐年下降，植被死亡严重，围墙外西侧边坡灌木成活率约为 47%，南侧的旱柳成活率约为 12%，见图 1-7。

2017 年西侧植被　　　　　　　　　　　2017 年南侧旱柳

图 1-7　轻稀土尾矿库人工植被恢复工程实景图

Fig. 1-7　Realistic picture of artificial vegetation restoration project of light rare earth tailings pond

3. 轻稀土污染造成土地荒漠化

　　土壤环境中长时间积累非自然外源稀土必将会对土壤生态环境产生严重破坏，轻稀土与多种金属元素伴生，在冶炼、分离过程中会产生大量有毒、有害气体，高浓度氨氮废水以及放射性废渣等污染。这些废渣露天堆放在尾矿库内，在西北强风与降雨淋溶条件下，轻稀土元素很容易进入地下水和地表土壤环境中，对周边和城区环境造成严重污染。据估算目前轻稀土尾矿库内每年增加 22000 万 m^2 堆放面积，如不妥善管理会造成 45000 万 m^2 的土地荒漠化，见图 1-8。

　　"绿水青山就是金山银山"，国家对尾矿库生态工程建设十分重视。目前，轻稀

图 1-8　轻稀土尾矿库内矿渣堆积

Fig. 1-8　**The accumulation of mines slag in light rare earth tailings pond**

土尾矿库周边环境恢复主要是采用工程措施进行土壤物理性质、化学性质改良和植被恢复。轻稀土尾矿库周边采用植被恢复措施时遇到的问题包括两个方面：一是选用不适宜植物导致成活率逐年下降，群落稳定性差，景观效果严重受损；二是植被修复土壤生态环境的目标不明确。以上问题严重制约着矿山型城市的生态可持续发展。

1.2.2　研究意义

　　植被恢复是治理土壤稀土污染最经济、友好的方法之一，轻稀土尾矿库生态系统的恢复以园林植物为基础，植被恢复首先应对现有植物多样性和植物群落特征进行调查分析，研究现有植物群落修复土壤生态环境效应；其次筛选轻稀土富集、耐受植物；最后通过对植物群落恢复土壤环境评价，探索不同植物群落恢复模式，建立稳定植物群落，最终恢复生态环境系统的功能。因此，研究轻稀土尾矿库植物群落恢复土壤效应具有重要的现实意义。

　　其他污染类型的尾矿库生态恢复研究较多，由于稀土开发利用时间较晚，针对轻稀土尾矿库植被生态恢复的研究较少。轻稀土富集植物研究尚属空白，植物群落稳定性与景观优化设计研究未形成体系。目前轻稀土尾矿库周边环境持续恶化，附近村落的迁移标志着生态系统生产力降低、能量与物质循环效率降低。轻稀土尾矿库周边环境恢复过程中，存在治理目标不明确，恢复结果无法量化，恢复效果评价标准不统一等问题。本研究通过对轻稀土尾矿库周边植物、土壤的综合分析研究，提出四种不同恢复土壤轻稀土污染植物群落的优化模式，以提高土壤环境恢复效应，缩短修复时间，改善土壤生态环境，以期恢复轻稀土尾矿库周边土壤生态环境和植物群落景观效果，实现矿山型城市的可持续发展，为我国其他稀土污染地区提供重要的理论依据，对建设和谐社会具有重要的实际意义。

1.3　研究综述

1.3.1　尾矿库环境生态修复研究进展

　　稀土矿产资源开发和利用促进了当地经济发展，但影响了生态环境的可持续发展，从景观整体出发采用植物群落恢复土壤生态环境是治理的核心基础。恢复生态学是揭示生态系统退化原因以及发现和探索恢复过程机理的一门科学。轻稀土尾矿库周边生态环境恢复与土壤、植被、大气和地下水等自然条件有重要联系。土壤修复先后经历了物理、化学、植物和微生物等四代修复方法的演变，目前微生物-植物的修复方法提高了修复效率，缩短了修复时间，具有成本低、生态友好以及一劳永逸等优点。第三代植物修复会出现植物生长缓慢或不生长、治理周期长等缺点。第四代微生物修复会出现污染在土壤中移动性差，很难将实验室成果在大田试验中实现，实验与实际修复效果相差较大。因此，目前研究主要为植物-微生物联合修复土壤生态环境。在尾矿库生态恢复过程中的核心是植物群落的人工演替，其原理是通过保护现有植被、筛选轻稀土富集植物和耐受植物，制作菌根环保盆，采用不同恢复模式的植物群落恢复被破坏的生态系统，最终达到恢复生物多样性与生态系统功能的目的。

　　1.轻稀土尾矿库对环境污染的研究进展

　　中国稀土产业在改革开放后得到迅速发展，进入 20 世纪 90 年代，稀土产业从开采、开发到矿渣处理都实现了工业化、标准化作业，稀土冶炼和应用技术研发取得较大进步，产业规模不断扩大，产品应用实现科技化、多元化，提高了国家经济产值并满足了社会发展的需求。稀土冶炼后的尾矿渣严重破坏地表植被，造成土壤污染、酸化。近年来轻稀土尾矿库周边土壤严重污染，使耕地退化、粮食减产或绝产，造成生态环境严重破坏。稀土元素会通过风和雨等媒介进入土壤中，再转移到植物、动物体内。高志强等发现稀土是影响大气、植物、水环境和土壤生态系统的主要污染因子，土壤中稀土污染表现为土壤物理结构不良、贫瘠、稀土含量过高等方面，对景观效果、水环境、生物多样性等产生严重影响，威胁着周边和城区居民的生存与健康,影响着城市的可持续发展。

2.植物群落恢复稀土污染土壤的研究进展

由于轻稀土开采伴有放射性元素和重金属元素等,并具有萃取难等特点,离子型中、重稀土采选利用率不足 50％,轻稀土采选利用率仅为 10％,未被充分利用的轻稀土对周边环境产生严重威胁。陈海滨等分析了稀土开采后矿山周边表层土壤水土流失的特性,根据离子型稀土的特点提出了利用生物措施和工程措施进行治理的策略。冯萤雪等研究发现在离子型稀土污染土壤中,香根草具有固土护坡、涵养水源和改善土壤理化性质的作用,加快了植物群落的演替速度,是植物群落演替的重点植物。杨时桐等研究发现桉树与豆科植物配植可以有效改善稀土污染土壤,具有耐寒、固氮的作用。以养猪场的沼液作为肥料,结合固氮植物增加土壤肥力,改善土壤化学性质,缩短组成复层林群落的时间,土壤修复后期会出现植物生长缓慢或停滞,植物群落生长衰退等问题。涂宏章等研究发现稀土污染土壤需要借助生物技术和工程措施共同修复。简丽华等研究发现植物香根草、类芦和鸭跖草组合或桉树和宽叶雀稗组合可有效减少稀土污染土壤的地表径流问题。

苏联有研究发现,在矿山周边稀土污染土壤上豆科植物配植先锋植物可以有效促进第一年的人工林发育。英国有研究发现,乔、灌、草配置中大量使用豆科植物,既可以改善土壤化学性质又较少发生水土流失等问题。德国研究发现,恢复土壤中营养物质可以采用赤松和落叶松等树种进行混交栽植。Panago 研究发现,采用固氮植物和松科植物进行混交造林的栽植模式对矿区土壤理化性质恢复具有较好效果。Jeffrey 研究发现,矿区植物群落恢复应选择乡土树种和豆科植物混播,这个方式可以有效提高植物群落稳定性。国内外研究主要是采用微生物结合植被恢复、生物结合工程恢复以及植物群落搭配恢复的方法。

3.恢复稀土污染土壤的研究进展

国内废弃尾矿库土壤修复多以牧草为主,草林结合,农经结合。我国尾矿库土壤修复分为三个阶段,1970 年我国东部平原矿区零星开展了沉陷地修复工作,设计主要采用种植水稻和小麦、栽藕或养鱼等形式,生态修复多以农业复垦为目的。1980 年马恩霖介绍和引进了国外土地复垦设计的经验,推动了我国尾矿库土地恢复的相关研究工作。21 世纪以来,尾矿库土壤修复进入研究的快速发展时期,微生物修复技术、菌根环保盆修复技术、3S 技术的发展,使土壤修复不再局限于土壤结构、营养物质等方面的治理研究,而是对土壤整体生态环境进行恢复和安全评价研究。

国外对轻稀土尾矿库土壤修复的研究多以土地复垦设计为主,被工业破坏的土地必须恢复到原来形态,实现原来是农田恢复到农田,原来是森林恢复到森林。美国自 1970 年以来,在尾矿库周边设计作物、树林并利用电厂粉煤灰改良土壤等方法实现土壤恢复。英国自 1974 年以来,尾矿库土壤修复率为 87.6%,1993 年修复率为 100%。德国已有 60 余年尾矿库土壤修复经验。澳大利亚尾矿库土壤修复的资金由政府提供,恢复标准化,一是采用综合模式恢复设计,实现土地、环境、生态的综合恢复;二是多专业联合设计研究,包括景观、生物、生态、地质、矿业、测量、物理、化学、环境、经济和医学等。法国对土壤修复的研究最为深入,在裸露土地覆土植草,活化土壤,经过渡性复垦后,再复垦为新农田,使复垦区景观与周围相协调,再进行绿化美化。植物群落景观恢复土壤环境分为三个阶段:一是实验阶段,研究多种植物的修复效果,进行系统绿化;二是综合种植阶段,筛选出生长好的富集植物进行大面积种植试验;三是树种多样化和分段种植景观设计。

4. 轻稀土尾矿库景观恢复效益评价研究进展

(1)植物群落恢复后的土壤质量评价　研究表明植物群落生态恢复,可以有效改善土壤理化性质和减少土壤污染物含量,改善土壤孔隙、容重和水稳定团聚体。研究分析不同植物群落恢复阶段的土壤质量,结果显示土壤含水率在植物群落恢复第二年开始逐渐增大,而土壤中重金属元素含量变化为先增大后减小。不同植物群落恢复模式对土壤质量均有不同程度的改善,有效提高其涵养水源的能力。孟广涛等研究发现,对不同植物群落恢复模式进行比较,旱冬瓜林地在荒坡地和废弃地中土壤的有机质含量、速效钾含量和有效磷含量最低。胡振琪等研究发现,人工植物群落修复比自然植物群落修复的土壤在涵养水源、保持水土等方面效果更好。

(2)植物多样性及植物群落特征评价　植物多样性是景观恢复环境的重要指标,是景观恢复生态环境效果评价因子。郝清华等研究采用 5 种不同恢复模式进行景观生态环境恢复,植物群落恢复后多样性指数、丰富度指数和均匀度指数均有显著改善。研究发现,对内蒙古露天煤矿废弃地采用 6 种不同植物群落恢复模式进行恢复,其中乔木与草本配植模式的植物多样性最高。王岩等对不同植物群落恢复模式分析研究发现,植物 α 多样性指数变化趋势相似,沙棘-桑树混合配植模式植物群落的丰富度指数和多样性指数最高。袁斯文研究发现龙须草作为当地修复的先锋植物,再配植其他乔灌木的恢复模式,可有效增加当地植物多样性。赵耀研究发现沙棘是当地矿区中恢复土壤理化性质效果最好的灌木,同时有效增加植物多样性。植物群落恢复模式可以提高矿区植物的多样性,其中旱冬瓜林的植物多样性较高。郭道宇等研究发现,矿区土壤有机质和植物群落恢复时间均与植物多样性有关,土壤含水量和植物群落演替时间是限制植物多样性变化的主要因素。

(3)植被恢复后景观效果评价 我国城市生态评价理论研究起步于20世纪80年代,最先与城市土地适宜性评价同一时期起步。1984年生态学者马世骏和王如松提出的"社会-经济-自然复合生态系统"的理论,在景观生态评价、生态规划与设计等方面取得了许多重大的研究成果。基于不同的评价目的和出发点,许多学者做了大量的定性和定量分析研究,黄棠华以地貌为基础,从景观生态格局、稳定性等方面对广东省龙门县进行景观生态分析,何东进和洪伟等以武夷山风景名胜区为研究对象,首次提出了适合风景名胜区的景观生态评价指标体系。近几年格局景观生态评价研究比较成熟,国内外不少学者提出了许多定量的方法,如分布拟合法、亲和度分析法、分布型指数法、景观格局多样性测定和景观类型多样性测定等。景观生态评价是应用景观生态学原理、景观美学及其他相关学科的知识,通过研究人类活动与景观的相互作用,在景观类型划分和生态分区的基础上,分析景观的特征和功能,提出景观优化利用的对策和建议。马从安、王启瑞等通过对大型露天矿区的生态评价模型的研究,提出景观生态评价应遵循的四项原则:景观生态原则、可操作性原则、相对独立性原则和全面性原则。作为区域性的景观生态评价,必须考虑自然环境与人类之间的平衡,量化目标使之具有生态相关性与社会价值。总之,人们对景观生态评价的研究越来越系统、规范,最显著的特点就是由定性向定量的演变。景观生态评价的理论体系正在形成并不断完善。

1.3.2 生态环境恢复方法的研究进展

1. 国外研究进展

美国、英国、澳大利亚和德国等矿业经济发达的国家,对尾矿库环境治理的工作起步较早,20世纪初期就开始对尾矿库所造成的环境污染进行研究,主要针对各种塌陷进行生态环境的恢复;20世纪50年代对尾矿库环境修复的研究主要是将工程与生物修复相结合;20世纪60年代德国率先提出运用景观学、生态学、植物学等理论建设矿山旅游公园的理念,开发矿山博物馆;20世纪70年代美国对尾矿库受损的生态系统进行系统性研究;20世纪80年代随着恢复生态学的兴起,尾矿库生态恢复受到日本宫胁昭教授的影响,于1987年成立了国际生态学会,并开始对尾矿库生态恢复工作展开研究。

进入21世纪,各国对生态环境更为关注,随着投入资金的不断加大,研究方法也不断创新。尾矿库生态恢复从植物、动物、微生物和土壤恢复以及物种构建生态空间到生物多样性、植物群落稳定性和土壤安全性等方面都得到发展。同时各国也开始对景观生态修复展开研究,美国制定了关于土地复垦和景观生态修复的相关法律法规;之后澳大利亚、英国等国家都对尾矿修复进行了相关立法,形成环境、经济、能源协调发展的 3E 系统，对于尾矿库生态修复进行严格的科学分析和详细研究，区分修复、恢复、重建的不同要求。随着计算机技术和大数据的不断发展，尾矿库生态修复技术也结合了电感耦合等离子体光谱仪（inductively coupled plasma optical emission spectrometer，ICP）、地理信息系统（geographic information system，GIS）、遥感（remote sensing，RS）和全球定位系统（global positioning system，GPS）等数据化方法，科学高效地进行修复研究。

2. 国内研究进展

国内开发稀土时间较短，稀土污染研究从 20 世纪 80 年代开始，经历了物理修复方法、化学修复方法到生物修复方法。尾矿库是城市环境污染的重要来源之一，之前的研究主要集中在重金属、水体、土壤和生物中稀土元素污染。徐晓春等对贵州某尾矿库重金属分布特征及其对土壤、植物的影响进行研究；李金霞、郑春丽、郭伟在不同时间研究了包头尾矿库土壤中稀土污染及含量变化。通过对包头轻稀土尾矿库景观生态修复来保护当地生态环境，提高景观效果，是促进社会和谐、可持续发展的重要措施。

1.4　研究内容、研究方法与技术路线

1.4.1　研究内容

将包头轻稀土尾矿库 1 km 范围内作为研究基地，按照不同方位将基地分为 5 个采样区。

1. 轻稀土尾矿库植物多样性及群落特征分析

（1）土地类型　轻稀土尾矿库周边土地按其自然属性特征进行划分。土地类型是土地利用的物质基础，也是土地评价的基本单元。

（2）植物区系分布和植物多样性分析　调查植物的科、属、种，划分属的区系地理分布类型。植物多样性指数是指植物多样性测定，选择 α 多样性计算方法对植物多样性进行测定。植物群落特征分析包括：灌、草群落特征（多度、频度、盖度、相对多度、相对频度、相对盖度和重要值）；乔木群落特征（多度、频度、直径、相对多度、相对频度、相对盖度和重要值）。

2. 包头轻稀土尾矿库植被恢复土壤效应分析

土壤物理性质包括土壤容重、土壤含水量、土壤毛管孔隙和非毛管孔隙；土壤

化学性质包括土壤 pH、土壤有机质含量、土壤全氮、土壤全钾、土壤全磷、土壤速效氮、土壤速效钾和土壤有效磷。

（1）2011 年调查分析了轻稀土尾矿库 5 个不同采样区不同土层深度的土壤物理性质、化学性质和轻稀土各元素含量。

（2）2017 年调查分析了轻稀土尾矿库 5 个不同采样区植物修复土壤效应，植物群落分析包括：植物群落的组成、植物群落的结构和植物群落的功能；土壤恢复效应分析包括：不同土层深度的土壤物理性质和化学性质。

（3）土壤肥力评价，参照 2016 年全国第二次普查土壤养分分级标准。土壤肥力评价方法使用升、降型分布函数的计算公式。

（4）2017 年调查分析了轻稀土尾矿库 5 个不同采样区植物修复土壤轻稀土效应，土壤恢复效应分析包括：对不同土层深度的土壤中轻稀土各元素含量的测定。

3. 轻稀土镧和铈元素富集植物筛选和菌根环保盆的制作

（1）2017 年在轻稀土尾矿库内调查不同土壤深度的轻稀土各元素含量，通过单因子污染指数分析确定镧和铈元素是主要污染元素，采用生物吸收系数和生物转移系数筛选镧和铈元素富集植物。

（2）在玻璃温室内制作、培养富集植物菌根环保盆，材料包括富集植物种子、无纺布环保袋、保水剂（丙烯酰胺-丙烯酸盐共聚交联物＋无机矿物质凹凸棒）、轻稀土污染土壤和外生菌根（AM 真菌）。通过 150 d 培养，检测分析植物体地下器官和地上器官的轻稀土镧和铈含量，以及盆内土壤中轻稀土镧和铈含量。

4. 群落特征评价与植被恢复模式优化

（1）评价因子的选择；权重的确立；植物群落特征评价方法的确立；植物群落特征评价标准的确定；植物群落特征评价。

（2）包头轻稀土尾矿库不同区域植物群落恢复模式，根据评价结果对现有植物群落进行不同目的的群落模式优化研究。

1.4.2　研究方法

开展轻稀土尾矿库的植物群落恢复土壤环境优化模式的研究，从而使轻稀土尾矿库植被恢复研究达到多学科的交叉融合和渗透，为我国矿山型城市的植被恢复理论研究拓展思路，具体方法见图 1-9。

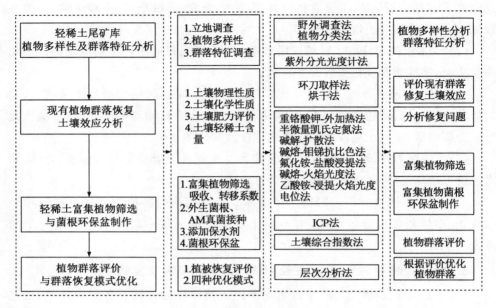

图 1-9　研究方法图

Fig. 1-9　Research method diagram

1. 轻稀土尾矿库植物多样性及群落特征分析

通过野外调查对轻稀土尾矿库周边 1 km 范围内的土地类型、植物多样性和植物群落特征进行研究分析。

(1)植物多样性计算采用 α 多样性计算方法;

(2)植物群落重要值计算通过对植物的相对多度(R_d)、相对频度(R_f)、相对盖度(R_c)和相对显著度(R_p)分别对乔木、灌木和草进行计算。

2. 现有植物群落修复土壤效应

研究人工植被恢复前后,2011 年和 2017 年土壤的物理性质、化学性质和土壤中轻稀土含量的变化,并计算土壤肥力。

(1)土壤物理性质　土壤容重、土壤毛管孔隙度和非毛管孔隙度采用环刀法取样测定,土壤含水量采用烘干法测定。

(2)土壤化学性质　重铬酸钾-外加热法测定有机质,半微量凯氏定氮法测定土壤全氮,碱解-扩散法测定速效氮,碱熔-钼锑抗比色法测定土壤全磷,氟化铵-盐酸浸提法测定土壤有效磷,碱熔-火焰光度法测定全钾,乙酸铵-浸提火焰光度法测定速效钾,电位法测定土壤 pH,土壤在实验室自然风干后,使用烘干法(105℃,4 h)。

(3)土壤肥力评价方法采用升、降型分布函数的计算 将土壤理化性质各指标权重确定,采用综合评价法是比较轻稀土尾矿库植被恢复后土壤肥力的有效途径。

(4)土壤中轻稀土含量采用 ICP 法检测。

3. 轻稀土富集植物筛选及菌根环保盆制作

分别检测 20 cm、40 cm 和 60 cm 的表层土壤轻稀土各元素含量,植物地下器官和地上器官的轻稀土 La 和 Ce 元素含量,以期筛选出轻稀土 La 和 Ce 元素的富集植物,并用富集植物制作菌根环保盆。

(1)研究采用 N. L. Nemerow 综合指数法测定单因子污染指数平均值,分析轻稀土尾矿库周边土壤污染情况。

(2)生物转移系数(BTC)表示植物对土壤中轻稀土 La 和 Ce 元素的转移能力。

(3)采用生物吸收系数(BAC)评价土壤对植物的影响程度。

(4)采用 Biermann 等提出的方法计数测定菌根真菌侵染率,外生菌根采样于现场植物,AM 真菌由北京农林科学院微生物室提供。再进行鉴定、培养、扩繁、制作菌根环保盆所需菌液;将无纺布环保袋、保水剂、植物和菌根共同组建成菌根环保盆,在内蒙古科技大学联合实验室玻璃温室内进行培养实验,ICP 测定轻稀土含量。

4. 群落特征评价与植被恢复模式优化

(1)群落特征评价采用 AHP 层次分析法,确定 20 个评价因子,分别是群落结构特征指标包括乔木层性状、灌木层盖度、草本层盖度、群落结构完整性、物种多样性、丰富度指数和均匀度指数;土壤理化指标包括非毛管孔隙度、毛管孔隙度、含水量、容重、pH、有机质、全氮、全钾、全磷、速效氮、速效钾、有效磷和土壤轻稀土含量。

(2)植物群落结构特征指标评价标准参考《土壤环境质量 农用地土壤污染风险管控标准(试行)》(GB 15618—2018)相关条款制定。

(3)根据实际土壤调查情况对现有植物群落进行有目的性的人工演替。

1.4.3 技术路线

利用资料收集分析、野外调查和实验室分析的方法调查研究植物多样性和植物群落特征;分析现有植物群落修复土壤理化性质和轻稀土污染效应;筛选轻稀土富集植物和耐受植物,并制作富集植物-菌根环保盆;根据植物群落特征评价结果对现有植物群落采用四种群落模式进行优化,达到植物群落人工演替和恢复土壤生态环境的目的,技术路线见图 1-10。

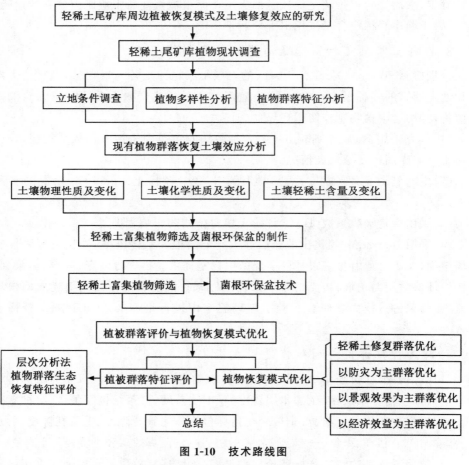

图 1-10　技术路线图

Fig. 1-10　Technology roadmap

第2章　包头轻稀土尾矿库植物现状调查

2.1　研究区植被概况

植物的生长和发育受到地形、土壤、水文、生物和人为干扰等各种外部环境条件影响。在园林景观中,土壤是植物生存最重要的影响因子之一。植物的分布与土地的类型有关,各种土地类型对植物分布的影响也不同。由于轻稀土尾矿库区域面积大,周围土地类型与包头城区显著不同,形成了轻稀土污染为主的土地类型。综合分析轻稀土尾矿库周边的土地类型具体分布为东南方向撂荒地、湿地,西南方向撂荒地,西北方向废弃地,东北方向撂荒地、工业用地以及尾矿库内绿地。土地类型差异较大,植被差异明显,因此,采用空间尺度方法对土地类型进行划分,分析尾矿库区域的植被分布及特征,见图2-1,表2-1。

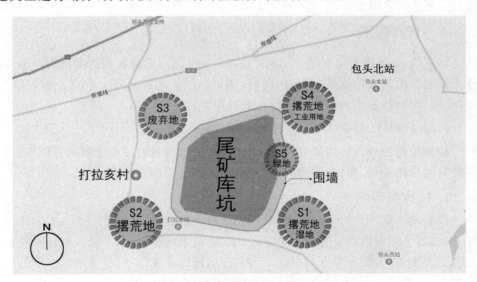

图 2-1　轻稀土尾矿库区土地类型分布

Fig. 2-1　Distribution of land types in light rare earth tailings pond area

表 2-1　轻稀土尾矿库周边土地类型

Table 2-1　Surrounding land type of light rare earth tailings pond

区位 Location	编号 Number	土地类型 Land type	土壤类型 Soil type	样方面积 Sample product/m²
东南	S1	撂荒地、湿地	草甸土、沙质(黑色)	1000
西南	S2	撂荒地	草甸土、沙质(黄色)	1000
西北	S3	废弃地	栗钙土、沙质(黄色)	1000
东北	S4	撂荒地、工业用地	栗钙土、沙质(黄色)	1000
尾矿库内	S5	绿地	人工覆土、沙质(黑色)	1000

调查植物多样性和植物群落特征是景观生态学的研究基础。轻稀土尾矿库处在温带草原和荒漠过渡地带,受到工业活动、草原和荒漠影响,景观效果已被破坏。研究植物的科、属、种数量和分布情况有利于合理利用和保护植物资源。

2.2　研究方法

2.2.1　调查方法

2017 年 7 月调查包头轻稀土尾矿库 1 km 范围内的植物种类及植物群落。调查工具包括全球定位系统(GPS)、测绳、钢尺、卷尺、胸径尺等。测定乔木的高度、冠幅、胸(地)径;灌木的高度、冠幅;地被的高度。

1. 植物种类调查

植物种类调查方法将研究区内所有乔木、灌木和地被按照计划展开调查,数据整理时增加植物科、属、种等内容。

2. 植物群落调查

以轻稀土尾矿库边坑为起点,采用经典样方法设置 16 个 20 m×20 m 的调查样方,在每个样方内再设置 5 个 1 m×1 m 的草本样方;5 个 2 m×2 m 的灌木样方。①设置 16 个调查样方,在每一个调查点,选取表现均一、没有明显中断的群落片段;②在样线上每隔 5～10 m 设一样方。分别调查分析,记录样方内乔、灌、草植物的种名、株数、高度、盖度、多度等数据。16 个典型样方设置在 5 个不同区域,分为东南方向的撂荒地、湿地(1、2、3),西南方向的撂荒地(4、5、6),西北方向的废弃地(7、8、9),东北方向的撂荒地、工业用地(10、11、12)和尾矿库内绿地(13、14、

15、16)进行植物多样性调查和植物群落多样性分析。点位设置方法见图 2-1,分区见图 3-1。

3. 区系分析

将研究区域内的植物参照《中国植被》分为乔木(常绿和落叶)、灌木(灌木和半灌木)和草本(多年生草本和一、二年生草本)。参照《野生植物资源学》将植物分为当地野生植物和入侵野生植物。将研究区域内的植物参照《中国种子植物属的分布区类型》划分属的区系地理分布类型。参考《内蒙古植物志》等相关资料对实地调查的典型优势植物和生长茂盛的植物作为轻稀土污染土壤的指示种,并进行物种丰富度和重要值分析,以判断包头轻稀土尾矿库周边植物的整体生长状况。

2.2.2　数据处理

1. 植物多样性计算方法的确定

植物多样性指数是指一个空间尺度内所有物种多样性调查分析的结果,根据空间尺度不同主要分为三种,即 α、β 和 γ 多样性。每个空间尺度的环境不同测定的数据也不相同。

α 多样性(within-habitat diversity)是生境内的多样性,主要应用在局域均匀的生境下植物数目;β 多样性(between-habitat diversity)是生境间的多样性,主要应用在沿环境梯度不同生境群落之间物种组成的相异性;γ 多样性(regional diversity)是区域多样性,应用在大区域的多样性分析。因此,α 多样性计算方法较为适合轻稀土尾矿库周边植物多样性调查工作,具体计算公式如下:

(1) Margalef index

$$D = (S - 1)/\ln N$$

式中:S 为研究区内植物群落分析中的植物种类总数量,N 为研究区内观察到的所有植物种类的个体总数。

(2) Simpson diversity index

$$D = 1 - \sum P_i^2$$

式中:P_i 种的个体数占群落中总个体数的比例。

(3) Shannon-wiener index

$$H' = -\sum P_i \ln P_i$$

式中：$P_i = N_i / N$。

（4）Pielou 均匀度指数

$$E = H / H_{max}$$

式中：H 为实际观察的物种多样性指数，H_{max} 为最大的物种多样性指数，$H_{max} = \ln S$（S 为群落中的总物种数）。

2.植物群落重要值计算方法

以综合数值表示植物物种在群落中的相对重要值。重要值（V）是一个重要的群落定量指标，通过对植物的相对多度（R_d）、相对频度（R_f）、相对盖度（R_c）和相对显著度（R_p）分别对乔木、灌木＋草进行计算。

$$相对多度 R_d = \frac{d（某个种的株数）}{\sum d（全部种的总株数）} \times 100\%$$

$$相对显著度 R_p = \frac{P（某个种的断面积）}{\sum P（全部种的总断面积）} \times 100\%$$

$$相对频度 R_f = \frac{F（某个种的频度）}{\sum F（全部种的总频度）} \times 100\%$$

$$相对盖度 R_c = \frac{C（某个种的盖度）}{\sum C（全部种的总盖度）} \times 100\%$$

针对乔木计算：

$$重要值 V = 相对多度 R_d + 相对频度 R_f + 相对显著度 R_p$$

针对灌木＋草计算：

$$重要值 V = 相对多度 R_d + 相对频度 R_f + 相对盖度 R_c$$

2.3　结果与分析

2.3.1　植物多样性分析

根据现有文献资料统计，截至 2008 年包头市共有野生维管植物 95 科、380 属、843 种（其中包括亚种、变种和变型），蕨类植物占其中的 9 科、12 属、20 种，裸子植物占其中 3 科、5 属、7 种，被子植物占其中 83 科、363 属、816 种。1993 年对尾矿库地区进行了植物普查,初步查出 33 科 84 种植物,其中豆科 Leguminosae、菊科 Asteraceae、禾本科 Gramineae、藜科 Chenopodiaceae、柽柳科 Tamaricaceae、茄科 Solanaceae、夹竹桃科 Apocynaceae 的 11 种植物为沙生抗盐碱物种,可以作为改善尾矿库地区生态环境的先锋植物。本研究于 2017 年调查轻稀土尾矿库周边 1 km 范围内植物,共计 30 科 70 属 101 种植物,其中豆科 Leguminosae、菊科 Asteraceae、禾本科 Gramineae、藜科 Chenopodiaceae、蓼科 Polygonaceae、杨柳科 Salicaceae 和松科 Pinaceae 为主,见表 2-2。占包头市及中国种子植物科、属、种总数的 31.58%、18.42%、11.98% 和 9.97%、2.06%、0.32%。因此,轻稀土尾矿库 1 km 范围内与 1993 年调查对比物种多样性经过人工干扰提升约 1.2 倍。

表 2-2　轻稀土尾矿库区种子植物科、属、种组成

Table 2-2　Composition of family, genus and species of seed plants in light rare earth tailings pond areas

序号 NO.	科名 Families	属数 Genera	种数 Species	序号 NO.	科名 Families	属数 Genera	种数 Species
1	松科 Pinaceae	2	4	17	景天科 Crassulaceae	1	1
2	毛茛科 Ranunculaceae	1	1	18	石竹科 Caryophyllaceae	1	1
3	榆科 Ulmaceae	1	1	19	槭树科 Aceraceae	1	1
4	柽柳科 Tamaricaceae	1	1	20	椴树科 Tiliaceae	1	1
5	柏科 Cupressaceae	2	2	21	胡颓子科 Elaeagnaceae	2	2
6	杨柳科 Salicaceae	1	5	22	马鞭草科 Verbenaceae	1	1
7	蒺藜科 Zygophyllaceae	1	1	23	锦葵科 Malvaceae	1	1
8	木犀科 Oleaceae	3	5	24	藜科 Chenopodiaceae	8	14
9	莎草科 Cyperaceae	1	1	25	蓼科 Polygonaceae	2	5
10	桑科 Moraceae	1	2	26	旋花科 Convolvulaceae	1	1
11	卫矛科 Celastraceae	1	2	27	紫草科 Boraginaceae	1	1
12	蔷薇科 Rosaceae	6	7	28	菊科 Asteraceae	8	15
13	苦木科 Simaroubaceae	1	1	29	禾本科 Gramineae	7	9
14	忍冬科 Caprifoliaceae	1	1	30	豆科 Leguminosae	8	9
15	葡萄科 Vitaceae	3	3		合计 Total	70	101
16	堇菜科 Violaceae	1	2				

2.3.2 植物属的分布区统计

1.植物属的组成

在该调查区内种子植物共计 70 个属,以属进行统计分析植物种,含有 3 种以上的多种属有 8 属 31 种,分别占属、种总数的 11.43％和 30.69％,即松属 *Pinus*(3 种)、杨属 *Populus*(5 种)、丁香属 *Syringa*(3 种)、藜属 *Chenopodium*(4 种)、酸模属 *Rumex*(4 种)、蒿属 *Artemisia*(6 种)、碱蓬属 *Suaeda*(3 种)、蒲公英属 *Taraxacum*(3 种)以上属是该区域种子植物区系的优势属。含 2 种植物的少种属有 8 属 16 种,分别占属、种总数的 10％和 13.86％。桑属 *Morus*(2 种)、卫矛属 *Euonymus*(2 种)、桃属 *Amygdalus*(2 种)、堇菜属 *Viola*(2 种)、早熟禾属 *Poa*(2 种)、锦鸡儿属 *Caragana*(2 种)、芦苇属 *Phragmites Australis*(2 种)、盐角草属 *Salicornia*(2 种)。含 1 种植物的属有 54 属 54 种,分别占属、种总数的 77.14％和 53.47％,如白刺属 *Nitraria*、沙棘属 *Hippophae*、猪毛菜属 *Salsola*、大丽花属 *Dahlia Cav*、胡枝子属 *Lespedeza Michx*、岩黄耆属 *Hedysarum* 等。因此,该区域的植物属多以单种植物属为主。

2.植物属的地理分布

属是植物分类中最稳定的单位,植物区系的性质和特征可以通过分析研究区的植物属来阐明。因此,将轻稀土尾矿库周边植物调查结果与吴征镒中国种子植物属的分布区类型进行对比和划分,见表 2-3。

表 2-3 轻稀土尾矿库周边种子植物属的分布区类型

Table 2-3   Genus type of seed plants in distribution region in light rare earth tailings pond areas

	分布区类型 Areal types	属数 Genera	占总属数比例 Proportion
1	世界分布 Cosmopolitan	10	0.14
2	泛热带分布 Pantropic	4	0.06
4	旧世界热带分布 Old World Tropics	1	0.01
8	北温带分布 North Temperate	20	0.29
8-2	北极-高山分布 Arctic-Alpine	1	0.01
8-4	北温带和南温带间断分布"全温带" N. Temp. & S. Temp. disjuncted	6	0.09

续表 2-3

分布区类型 Areal types	属数 Genera	占总属数比例 Proportion
8-5　欧亚和南部非洲间断分布 Eurasia and South America temperate disjuncted	1	0.01
9　东亚和北美洲间断分布 E. Asia & N. Amer. disjuncted	3	0.04
10　旧世界温带分布 Old World Temperate	8	0.11
10-1　地中海区、西亚（或中亚）和东亚间断分布 Mediterranean. W. Asia (or C. Asia) & E. Asia disjuncted	1	0.01
11　温带亚洲分布 Temp. Asia	6	0.09
12　地中海区、西亚至中亚分布 Mediterranean, W. Asia to C. Asia	3	0.04
12-2　地中海区至中亚和墨西哥间断分布 Mediterranean to Central Asia and Mexico to South America disjuncted	1	0.01
13　中亚分布 C. Asia	1	0.01
13-2　中亚至喜马拉雅和我国西南分布 Central Asia to Himalaya and Southwest China	1	0.01
14　东亚分布及其变型 E. Asia	2	0.01
15　中国特有分布 Endemic to China	1	0.03
合计　Total	70	1

由表 2-3 可知，该区域的植物属地理分布在 11 个分布区和 6 个变型区。世界分布 10 属，占该区域总属数的 14.29%；北温带分布 20 属，占该区域总属数的 28.57%；旧世界温带分布 8 属，占该区域总属数的 11.43%；三个分布区占总属数的 54.29%，说明该区域植物区系属于温带。

世界分布是指某一个属分布于世界各地并且没有明显的分布中心。这类属在本区域分布 10 属，有蓼属 Polygonum、酸模属 Rumex、藜属 Chenopodium、猪毛菜属 Salsola、碱蓬属 Suaeda、早熟禾属 Poa、蒿属 Artemisia、藨草属 Scirpus、盐角草属 Salicornia、玉蜀黍属 Zea。本地区世界分布植物属种类较少，但每个属都包含 3 个以上的植物种，蒿属和碱蓬属植物是本区域的优势属。

热带分布（2～4 分布区）包括泛热带分布型；旧世界热带分布型在本区域共有 5 属，多为草本，主要有菟丝子属 Cuscuta、稗属 Echinochloa Beauv、卫矛属 Euonymus、霍香蓟属 Ageratum、狼尾草属 Pennisetum。热带植物属较少，本区域植物的多样性较差。

温带分布(8~14 分布区)包括北温带分布型;北极——高山分布;北温带和南温带间断分布"全温带";欧亚和南部非洲间断分布;东亚和北美洲间断分布;旧世界温带分布;地中海区、西亚(或中亚)和东亚间断分布;温带亚洲分布;地中海区、西亚至中亚分布;地中海区至中亚和墨西哥间断分布;中亚分布;中亚至喜马拉雅和我国西南分布;东亚分布及其变型,共分布有 55 属,占本区域种子植物区系成分的 78.57%,主要有云杉属 *Picea*、松属 *Pinus*、刺柏属 *Juniperus*、杨属 *Populus*、柳属 *Salix*、榆属 *Ulmus*、桑属 *Morus*、圆柏属 *Sabina*、侧柏属 *Platycladus Spach*、苹果属 *Malus*、杏属 *Armeniaca*、李属 *Prunus*、蔷薇属 *Rose*、葡萄属 *Vitis*、忍冬属 *Lonicera*、蒲公英属 *Taraxacum*、胡枝子属 *Lespedeza Michx*、怪柳属 *Tamarix*、白刺属 *Nitraria*、连翘属 *Forsythia Vahl*、丁香属 *Syringa*、苦栃木亚属 *Subgen. Ornus*、桃属 *Amygdalus*、山楂属 *Crataegus*、梨属 *Pyrus*、臭椿属 *Ailanthus*、接骨木属 *Sambucus*、堇菜属 *Viola*、八宝属 *Hylotelephium*、石竹属 *Dianthus*、槭属 *Acer*、椴树属 *Tilia*、地锦属 *Parthenocissus*、爬山虎属 *Parthenocissus*、蜀葵属 *Althaea*、梭梭属 *Haloxylon Bunge*、地肤属 *Kochia*、盐爪爪属 *Kalidium Miq*、雾冰藜属 *Bassia All*、砂引草属 *Messerschmidia*、菊属 *Dendranthema*、秋英属 *Cosmos*、向日葵属 *Helianthus*、大丽花属 *Dahlia Cav*、狗尾草属 *Setaria Beauv* 等,结果显示,北温带分布占区系地理的主导作用,其中木本植物物种非常贫乏且分布均衡性差,落叶灌木是主导植物,也有少量的多年生草本。

中国特有的分布型,本区只有中国沙棘这一属,沙棘属 *Hippophae*,占总属数的 1.43%,不是该地区优势植物。

2.3.3　不同立地条件下的植被多样性分析

1. S1 区植物群落特征及多样性分析

S1 区位于轻稀土尾矿库外,东南 700 m 以内区域,表层土壤呈黑色,尾矿库围墙以外 300 m 处地势低,雨季积水,水面宽度约 150 m,道路隔断后有工业用地和荒地,植物分为野生植被和人工植被。该区域立地条件复杂,共出现 19 种植物,从尾矿库围墙延伸至 300 m 处植物群落分布呈现灌草—水生植物—乔灌草,植物种类单一,主要植物为 5 种乔木,3 种灌木和 9 种草本植物。乔木包含 1 种杨柳科 Salicaceae、1 种松科 Pinaceae、1 种豆科 Leguminosae 和 2 种蔷薇科 Rosaceae 植物;灌木包含 1 种卫矛科 Celastraceae 和 2 种木犀科 Oleaceae 植物;草本植物包含 1 种景天科 Crassulaceae、1 种堇菜科 Violaceae、1 种石竹科 Caryophyllaceae、3 种禾本科 Gramineae 和 3 种菊科 Asteraceae 植物。该区域地势最低,又处于下风口,土壤轻稀土污染严重(见第 3 章、第 4 章土壤分析),灌木的种类和数量多于乔木和地被,所有植物均是耐寒、较耐干旱、抗逆性强的植物,除芦苇外其他植物生长均不茂盛且个体数量较少,见图 2-2。

图 2-2　S1 区植物群落

Fig. 2-2　Features of plant community in S1 area

(1)群落特征分析　S1 区相比其他 4 个采样区灌草层高度偏低,高度为 10～110 cm,分为 3 个层高,连翘 *Forsythia suspensa* 和芦苇 *Phragmites communis* 高度为 80～110 cm,湿地区域芦苇数量较多;大籽蒿 *Artemisia sieversiana* 和盐地碱蓬 *Suaeda salsa* 高度为 40～60 cm,撂荒地以中层群落植物为主;波斯菊 *Cosmos bipinnata* 和草地早熟禾 *Poa pratensis* 高度为 10～20 cm,该层植物数量稀少、冠幅低矮,不是该群落的主体成分。上述植物为该区域灌草层群落的主要植物。

该区域灌草层重要值为 21.74～72.13,芦苇和大籽蒿的重要值分别是 72.13 和 53.22,在群落中占主导优势;连翘和盐地碱蓬重要值高于 30,是该群落的重要植物,其余植物重要值不足 30,是组成该群落的不稳定植物。该区域分为撂荒地和湿地,撂荒地植物多度较低,土地斑秃裸露,湿地植物多度较高,覆盖度高,见表 2-4。

表 2-4   S1 灌、草群落特征

Table 2-4   Features of shrub and plant community in S1 area

序号 Number	植物名称 Plant name	多度 Multidi- mensional	频度 Fre- quency	盖度 Cove- rage	相对多度 Relative abundance	相对频度 Relative frequency	相对盖度 Relative coverage	重要值 Important value
1	连翘 Forsythia suspensa	2	0.13	0.05	5.71	9.03	19.23	33.97
2	波斯菊 Cosmos bipinnata	3	0.15	0.02	8.57	10.42	7.69	26.68
3	大籽蒿 Artemisia sieversiana	9	0.23	0.03	25.71	15.97	11.54	53.22
4	芦苇 Phragmites communis	11	0.42	0.03	31.43	29.17	11.54	72.13
5	臭草 Ruta graveolens	2	0.12	0.02	5.71	8.33	7.69	21.74
6	草地早熟禾 Poa pratensis	3	0.13	0.02	8.57	9.03	7.69	25.29
7	稗 Echinochloa crusgalli	3	0.14	0.03	8.57	9.72	11.54	29.83
8	盐地碱蓬 Suaeda salsa	2	0.12	0.06	5.71	8.33	23.08	37.12

乔木层高度平均约为 2.8 m,包括幼龄国槐 Sophora japonica 和白扦 Picea meyeri 等,该群落中山桃 Amygdalus davidiana 重要值为 133.27,分布均匀、个体数量较多,占该区域乔木层优势地位,与幼龄国槐和白扦共同组成该乔木层群落,见表 2-5。

表 2-5   S1 乔木群落特征

Table 2-5   Features of arbor community in S1 area

序号 Number	植物名称 Plant name	多度 Multidi- mensional	频度 Fre- quency	胸(地)径/cm Thoracic (Ground) diameter	相对 多度 Relative abundance	相对 频度 Relative frequency	相对 盖度 Relative coverage	重要值 Impor- tant value
1	白扦 Picea meyeri	2	0.15	2.21	33.33	28.85	8.83	71.01
2	山桃 Amygdalus davidiana	3	0.26	4.29	50.00	50.00	33.27	133.27
3	幼龄国槐 Sophora japonica	1	0.11	5.66	16.67	21.15	57.90	95.73

(2)植物多样性分析   S1 区群落中 Margalef 指数:灌草层 1.97,乔木层 1.12,说明灌草层植物丰富度远高于乔木层;Simpson diversity 指数:灌草层 0.80,乔木层 0.61,说明灌草层物种多度高于乔木层;Shannon-wiener 指数:灌草层 0.57,乔

木层 0.69,说明灌草层群落均匀度低于乔木层,由于撂荒地和湿地立地条件相差大,因此,灌草层群落均匀度较差;Pielou 指数:灌草层 0.27,乔木层 0.63,说明乔木层植物生态位均匀度较低,灌草层的空间分布均匀度更为合理,但与植物群落多样性无关,因此 S1 区群落的物种多样性灌草层>乔木层,见表 2-6。

表 2-6　S1 域物种多样性特征

Table 2-6　Features of species divesity in S1 area

层次 Gradation	Margalef 指数	Simpson diversity 指数	Shannon- wiener 指数	Pielou 指数
灌草层	1.97	0.80	0.57	0.27
乔木层	1.12	0.61	0.69	0.63

2. S2 区植物群落特征及多样性分析

S2 区位于尾矿库围墙外西南方向 700 m 以内区域,表层土壤呈黄色沙质土,该区域土地类型为撂荒地,南侧以人工植物群落为主,西侧以野生植物为主,距尾矿库围墙 150 m 处由铁路隔断。该区域立地条件较好,共出现 24 种植物,植物群落分布呈现灌草—乔木—乔灌草,主要植物为 3 种乔木,10 种灌、草植物。乔木主要为 1 种杨柳科 Salicaceae 和 2 种松科 Pinaceae 植物;灌木主要为 1 种木犀科 Oleaceae 植物;草本植物主要为 1 种豆科 Leguminosae、2 种堇菜科 Violaceae、1 种葡萄科 Vitaceae、1 种禾本科 Gramineae、3 种菊科 Asteraceae 和 1 种藜科 Chenopodiaceae 植物。该区域地势较低,植物群落中灌草层种类较多,乔木层种类较少,所有植物均是耐干旱,抗逆性强的植物,植物长势表现优于 S1 区,见图 2-3。

(1)群落特征分析　S2 区灌草层高度较低,一般高度为 15~130 cm,划分为 3 个层高,辽东丁香 *Syringa wolfii* Schneid 和大籽蒿 *Artemisia sieversiana* 高度为 85~130 cm;碱蓬 *Suaeda glauca* 和猪毛蒿 *Artemisia scoparia* 高度为 40~60 cm,撂荒地以中层群落植物为主;黑麦草 *Lolium perenne* 和五叶地锦 *Parthenocissus quinquefolia* 高度为 15~25 cm,其数量稀少不是该群落主体成分,其余植物数量较少。上述为 S2 区灌草层群落主要构成植物。

灌草层重要值为 10.37~53.72,碱蓬和黑麦草的重要值分别是 53.72 和 51.88,两种植物在群落中占主导优势;辽东丁香和紫苜蓿重要值高于 30,是该群落的重要植物,其余植物重要值均低于 30,是组成该群落的不稳定植物。S2 区南侧为人工植被,由于养护管理问题造成 S2 区植物群落的主体植物以碱蓬和人工栽植的黑麦草为主;西侧为撂荒地,以碱蓬等野生植物为主,见表 2-7。

图 2-3　S2 植物群落特征

Fig. 2-3　Features of plant community in S2 area

表 2-7　S2 灌、草群落特征

Table 2-7　Features of shrub and plant community in S2 area

序号 Number	植物名称 Plant name	多度 Multidi- mensional	频度 Fre- quency	盖度 Cove- rage	相对多度 Relative abundance	相对频度 Relative frequency	相对盖度 Relative coverage	重要值 Important value
1	辽东丁香 *Syringa wolfii Schneid.*	2	0.16	0.23	3.92	6.96	38.33	49.21
2	碱蓬 *Suaeda glauca*	5	0.32	0.18	9.80	13.91	30.00	53.72
3	辽东蒿 *Artemisia verbenacea*	4	0.18	0.04	7.84	7.83	6.67	22.34
4	猪毛蒿 *Artemisia scoparia*	2	0.21	0.03	3.92	9.13	5.00	18.05
5	黑麦草 *Lolium perenne*	15	0.44	0.02	29.41	19.13	3.33	51.88
6	紫苜蓿 *Medicago sativa*	7	0.32	0.03	13.73	13.91	5.00	32.64

续表 2-7

序号 Number	植物名称 Plant name	多度 Multidi- mensional	频度 Fre- quency	盖度 Cove- rage	相对多度 Relative abundance	相对频度 Relative frequency	相对盖度 Relative coverage	重要值 Important value
7	猪毛菜 Salsolacollina	3	0.13	0.02	5.88	5.65	3.33	14.87
8	大籽蒿 Artemisia sieversiana	5	0.12	0.02	9.80	5.22	3.33	18.35
9	三色堇 Viola tricolor	2	0.11	0.01	3.92	4.78	1.67	10.37
10	五叶地锦 Parthenocissus quinquefolia	6	0.31	0.02	11.76	13.48	3.33	28.58

　　S2 区是乔木数量最多的区域。乔木层高度平均约为 3.2 m,包括幼龄的旱柳 Salix matsudana Koidz,该群落中旱柳重要值为 137.33,分布均匀且个体数量较多,占该区域乔木层优势地位;油松 Pinus tabuliformis 和樟子松 Pinus sylvestris var. 共同组成该乔木层群落,油松的重要值高于樟子松,说明个体数量高于樟子松且分布均匀,见表 2-8。

表 2-8　S2 乔木群落特征
Table 2-8　Features of arbor community in S2 area

序号 Number	植物名称 Plant name	多度 Multidi- mensional	频度 Fre- quency	胸(地)径/cm Thoracic (Ground) diameter	相对多度 Relative abundance	相对频度 Relative frequency	相对盖度 Relative coverage	重要值 Impor- tant value
1	油松 Pinus tabuliformis	2	0.15	4.21	33.33	28.85	32.04	94.22
2	樟子松 Pinus sylvestris var.	1	0.12	3.29	16.67	23.08	19.56	59.31
3	旱柳 Salix matsudana Koidz	3	0.25	4.66	50.00	48.08	39.25	137.33

　　(2)植物多样性分析　S2 区群落 Margalef 指数:灌草层 2.29,乔木层 1.12,前者约为后者的 2 倍,说明撂荒地野生植物种类多,灌草层植物丰富度高于乔木层;Simpson diversity 指数:灌草层 0.96,乔木层 0.76,说明灌草层物种多度高于乔木层;Shannon-wiener 指数:灌草层 0.21,乔木层 0.70,说明灌草层群落均匀度低于乔木层,灌草层群落均匀度较差;Pielou 指数:灌草层 0.09,乔木层 0.64,说明乔木层空间分布均匀度低于灌草层,因此该区群落的物种多样性灌草层>乔木层,见表 2-9。

表 2-9　S2 域物种多样性特征
Table 2-9　Features of species divesity in S2 area

层次 Gradation	Margalef 指数	Simpson diversity 指数	Shannon-wiener 指数	Pielou 指数
灌草层	2.29	0.96	0.21	0.09
乔木层	1.12	0.76	0.70	0.64

3. S3 区植物群落特征及多样性分析

S3 区位于尾矿库围墙外西北方向 700 m 以内区域,表层土壤呈黄色沙质土,土地类型为废弃地。该区原为农田和居住区用地,立地条件单一,共出现 30 种植物,以野生植物为主。植物群落分布呈现灌草—乔灌草,主要植物为 5 种乔木,10种灌草植物。乔木主要为 2 种豆科 Leguminosae、1 种榆科 Ulmaceae、1 种桑科 Moraceae 和 1 种蔷薇科 Rosaceae 植物;灌木主要为 1 种卫矛科 Celastraceae 植物;草本主要为 1 种豆科 Leguminosae、1 种胡颓子科 Elaeagnaceae、3 种禾本科 Gramineae、3 种菊科 Asteraceae 和 1 种藜科 Chenopodiaceae 植物。该区域地势高,植物群落中灌草层种类较多,乔木层种类较少,所有植物均是耐干旱、抗逆性强的植物,植物长势表现优于其他区域,见图 2-4。

图 2-4　S3 植物群落特征
Fig. 2-4　Features of plant community in S3 area

（1）群落特征分析　S3 区是灌木数量最多的区域，高度为 15～150 cm，划分为 3 个层高，卫矛 *Euonymus alatus*、玉米 *Zea mays* 和向日葵 *Helianthus annuus*，高度为 70～150 cm；紫苜蓿 *Medicago sativa* 和蒙古蒿 *Mongolian wormwood* 高度为 25～60 cm；雏菊 *Bellis perennis* 和盐角草 *Salicornia europaea* 高度为 10～25 cm，数量较多但不是该群落的主体成分。以上为 S3 区灌草层群落主要构成植物，其余植物数量较少。

该区域灌草层重要值为 13.72～50.46，卫矛和紫苜蓿的重要值分别是 50.46 和 49.95，这两种植物在群落中占主导优势；中国沙棘、雏菊和玉米重要值高于 30，是该群落的重要植物，其余植物重要值不足 30，是组成该群落的不稳定植物。该区域为农田废弃地，以野生植物为主，原农业用地留有部分农作物，例如向日葵和玉米等，见表 2-10。

表 2-10　S3 灌、草群落特征
Table 2-10　Features of shrub and plant community in S3 area

序号 Number	植物名称 Plant name	多度 Multidimensional	频度 Frequency	盖度 Coverage	相对多度 Relative abundance	相对频度 Relative frequency	相对盖度 Relative coverage	重要值 Important value
1	卫矛 *Euonymus alatus*	3	0.16	0.23	5.17	6.96	38.33	50.46
2	中国沙棘 *Hippophae rhamnoides*	2	0.32	0.18	3.45	13.91	30.00	47.36
3	向日葵 *Helianthus annuus*	5	0.18	0.04	8.62	7.83	6.67	23.11
4	山葡萄 *Vitis amurensis* Rupr.	2	0.21	0.03	3.45	9.13	5.00	17.58
5	雏菊 *Bellis perennis*	8	0.44	0.02	13.79	19.13	3.33	36.26
6	紫苜蓿 *Medicago sativa*	18	0.32	0.03	31.03	13.91	5.00	49.95
7	狗尾草 *Setaria viridis*	3	0.13	0.02	5.17	5.65	3.33	14.16
8	蒙古蒿 *Mongolian wormwood*	3	0.12	0.02	5.17	5.22	3.33	13.72
9	盐角草 *Salicornia europaea*	5	0.11	0.01	8.62	4.78	1.67	15.07
10	玉米 *Zea mays*	9	0.31	0.02	15.52	13.48	3.33	32.33

S3 区乔木层高度平均约为 4.8 m，主要是原居农田遗留植物。包括桑树 *Morus alba*，家榆 *Ulmus pumila*，刺槐 *Robinia pseudoacacia*，李子 *Prunus salicina* 和皂角 *Gleditsia sinensis*，该群落中家榆、李子、桑树、刺槐和皂角的重要值分别为 84.31、65.43、54.59、53.93 和 41.75，植物空间分布均匀，高低错落合理，以上植物

共同组成该区域乔木层群落,见表 2-11。

表 2-11　S3 乔木群落特征
Table 2-11　Features of arbor community in S3 area

序号 Number	植物名称 Plant name	多度 Multidimensional	频度 Frequency	胸(地)径/cm Thoracic (Ground) diameter	相对多度 Relative abundance	相对频度 Relative frequency	相对盖度 Relative coverage	重要值 Important value
1	桑树 Morus alba	2	0.15	10.21	13.33	15.96	25.30	54.59
2	家榆 Ulmus pumila	3	0.26	12.29	20.00	27.66	36.65	84.31
3	刺槐 Robinia pseudoacacia	3	0.11	9.57	20.00	11.70	22.22	53.93
4	李子 Prunus salicina	5	0.24	5.20	33.33	25.53	6.56	65.43
5	皂角 Gleditsia sinensis	2	0.18	6.18	13.33	19.15	9.27	41.75

(2)植物多样性分析　S3 区群落 Margalef 指数:灌草层 2.22,乔木层 1.48,说明农田废弃地灌草层植物丰富度高于乔木层;Simpson diversity 指数:灌草层 0.84,乔木层 0.77,说明灌草层物种多度高于乔木层;Shannon-wiener 指数:灌草层 0.52,乔木层 0.64,说明灌草层群落均匀度低于乔木层。Pielou 指数:灌草层 0.23,乔木层 0.40,说明乔木层空间分布均匀度低于灌草层,因此,该区群落的物种多样性灌草层>乔木层,见表 2-12。

表 2-12　S3 域物种多样性特征
Table 2-12　Features of species divesity in S3 area

层次 Gradation	Margalef 指数	Simpson diversity 指数	Shannon-wiener 指数	Pielou 指数
灌草层	2.22	0.84	0.52	0.23
乔木层	1.48	0.77	0.64	0.40

4. S4 区植物群落特征及多样性分析

S4 区位于尾矿库围墙外东北方向 700 m 以内区域,表层土壤呈黄色沙质土,该区域以撂荒地和工业用地为主,立地条件简单。共出现 20 种植物,撂荒地以野生植物为主,工业用地以人工植被为主。植物群落分布呈现灌草—乔灌草,主要植物为 3 种乔木,8 种灌草植物;乔木主要为 1 种松科 Pinaceae、1 种杨柳科 Salicaceae

和 1 种苦木科 Simaroubaceae 植物；灌木主要为 1 种卫矛科 Celastraceae 植物；草本主要为 1 种葡萄科 Vitaceae、1 种柏科 Cupressaceae、2 种蔷薇科 Rosaceae 和 3 种菊科 Asteraceae 植物。该区域地势高，植物群落中灌草层种类较少，乔木层呈现种类少数量多的特点，所有植物均是耐干旱、抗逆性强的植物，植物长势较好，见图 2-5。

图 2-5　S4 植物群落特征

Fig. 2-5　Features of plant community in S4 area

（1）群落特征分析　　S4 区是灌木数量较多的区域，一般高度为 15～60 cm，划分为 3 个层高，黄刺玫 Rosa xanthina、侧柏 Platycladus orientalis 和紫丁香 Syringa oblata，高度为 40～60 cm；茵陈蒿 Artemisia capillaris 和大丽花 Dahlia pinnata 高度为 25～50 cm；早熟禾 Poa annua 和雏菊 Bellis perennis 高度为 15～25 cm，以上为该区域灌草层群落主要构成植物。

该区域灌草层重要值为 16.91～61.31，黄刺玫、侧柏和早熟禾的重要值分别是 61.31、60.50 和 51.26，以上植物在群落中占主导优势；紫丁香重要值高于 30，是该群落的重要植物，其余植物重要值不足 30，是组成该群落的不稳定植物。该区域为撂荒地和工业用地，植物以人工植物群落为主，见表 2-13。

S4 区乔木层高度平均约为 4.3 m，主要是人工栽植乔木。包括松科 Pinaceae，杨柳科 Salicaceae 和苦木科 Simaroubaceae，该群落中新疆杨重要值为 152.58，植物空间分布均匀度高，其余植物与新疆杨共同组成该乔木层群落，见表 2-14。

表 2-13　S4 灌、草群落特征

Table 2-13　Features of shrub and plant community in S4 area

序号 Number	植物名称 Plant name	多度 Multidimensional	频度 Frequency	盖度 Coverage	相对多度 Relative abundance	相对频度 Relative frequency	相对盖度 Relative coverage	重要值 Important value
1	黄刺玫 *Rosa xanthina*	4	0.17	0.23	10.53	9.71	41.07	61.31
2	侧柏 *Platycladus orientalis*	6	0.22	0.18	15.79	12.57	32.14	60.50
3	紫丁香 *Syringa oblata*	5	0.28	0.04	13.16	16.00	7.14	36.30
4	茵陈蒿 *Artemisia capillaris*	2	0.11	0.03	5.26	6.29	5.36	16.91
5	雏菊 *Bellis perennis*	4	0.21	0.02	10.53	12.00	3.57	26.10
6	爬山虎 *Parthenocissus tricuspidata*	5	0.19	0.02	13.16	10.86	3.57	27.59
7	大丽花 *Dahlia pinnata*	3	0.15	0.02	7.89	8.57	3.57	20.04
8	早熟禾 *Poa annua*	9	0.42	0.02	23.68	24.00	3.57	51.26

表 2-14　S4 乔木群落特征

Table 2-14　Features of arbor community in S4 area

序号 Number	植物名称 Plant name	多度 Multidimensional	频度 Frequency	胸(地)径/cm Thoracic (Ground) diameter	相对多度 Relative abundance	相对频度 Relative frequency	相对盖度 Relative coverage	重要值 Important value
1	臭椿 *Ailanthus altissima*	2	0.14	7.51	14.29	19.72	31.29	65.29
2	新疆杨 *Populus alba*	7	0.36	9.67	50.00	50.70	51.87	152.58
3	樟子松 *Pinus sylvestris* var.	5	0.21	5.51	35.71	29.58	16.84	82.13

　　(2)植物多样性分析　S4 区群落 Margalef 指数:灌草层 1.92,乔木层 0.76,说明撂荒地、工业用地灌草层植物丰富度高于乔木层;Simpson diversity 指数:灌草层 0.85,乔木层 0.60,说明灌草层物种多度高于乔木层;Shannon-wiener 指数:灌草层 0.54,乔木层 0.69,说明灌草层群落均匀度低于乔木层,由于撂荒地和工业用地的立地条件相似,因此灌草层群落均匀度较差;Pielou 指数:灌草层 0.26,乔木层 0.63,说明乔木层空间分布均匀度低于灌草层,该区群落的物种多样性灌草层>乔木层,见表 2-15。

表 2-15　S4 域物种多样性特征

Table 2-15　Features of species divesity in S4 area

层次 Gradation	Margalef 指数	Simpson diversity 指数	Shannon- wiener 指数	Pielou 指数
灌草层	1.92	0.85	0.54	0.26
乔木层	0.76	0.60	0.69	0.63

5. S5 区植物群落特征及多样性分析

　　S5 区位于尾矿库内,库坑边缘至 300 m 围墙的边坡绿化区域,表层土壤呈黑色沙质土,立地条件复杂。以人工植物群落为主,从尾矿库库坑边缘至围墙的植物分布呈现灌草—乔灌草,共出现 8 种植物,植物包括 2 种乔木和 6 种灌草植物。乔木主要是杨柳科 Salicaceae 植物;灌木主要是 5 种豆科 Leguminosae 和 1 种藜科 Chenopodiaceae 植物。该区域北高南低,植物群落中灌草层呈现种类少数量多的特点,乔木层呈现种类单一数量较多的特点,所有植物均是耐干旱、抗逆性强的植物,植物长势较好,见图 2-6。

图 2-6　S5 植物群落特征

Fig. 2-6　Features of plant community S5 area

（1）群落特征分析　尾矿库内以灌木为主，一般高度为 15～60 cm，划分为 1 个层高，紫穗槐 *Amorpha fruticosa*、胡枝子 *Lespedeza bicolor*、花棒 *Hedysarum scoparium*、小叶锦鸡儿 *Caragana microphylla*、柠条 *Caragana korshinskii* 和梭梭 *Haloxylon ammodendron*，形成了稳定的人工植物群落，以上为该区域灌草层群落主要组成植物。

该区域灌草层重要值为 34.59～81.59，胡枝子和紫穗槐的重要值分别是 81.59 和 65.21，以上植物在群落中占主导优势；其余所有植物重要值均高于 30，该区域是人工绿地，植物均为人工植被（入侵植物），见表 2-16。

表 2-16　S5 灌、草群落特征
Table 2-16　Features of shrub and plant community S5 area

序号 Number	植物名称 Plant name	多度 Multidi- mensional	频度 Fre- quency	盖度 Cove- rage	相对多度 Relative abundance	相对频度 Relative frequency	相对盖度 Relative coverage	重要值 Important value
1	紫穗槐 *Amorpha fruticosa*	3	0.16	0.23	12.00	9.82	43.40	65.21
2	胡枝子 *Lespedeza bicolor*	7	0.32	0.18	28.00	19.63	33.96	81.59
3	花棒 *Hedysarum scoparium*	4	0.18	0.04	16.00	11.04	7.55	34.59
4	小叶锦鸡儿 *Caragana microphylla*	5	0.21	0.03	20.00	12.88	5.66	38.54
5	柠条 *Caragana korshinskii*	2	0.44	0.02	8.00	26.99	3.77	38.77
6	梭梭 *Haloxylon ammodendron*	4	0.32	0.03	16.00	19.63	5.66	41.29

S5 区乔木层高度平均约为 2.4 m，主要是人工栽植乔木。群落中毛白杨重要值为 148.49，植物空间分布均匀度高，旱柳与毛白杨共同组成该乔木层群落，见表 2-17。

表 2-17　S5 乔木群落特征
Table 2-17　Features of arbor community in S5 area

序号 Number	植物名称 Plant name	多度 Multidi- mensional	频度 Fre- quency	胸(地)径/cm Thoracic (Ground) diameter	相对多度 Relative abundance	相对频度 Relative frequency	相对盖度 Relative coverage	重要值 Impor- tant value
1	毛白杨 *Populus tomentosa*	5	0.35	10.31	71.43	76.09	0.97	148.49
2	旱柳 *Salix matsudana*	2	0.11	1.83	28.57	23.91	0.03	52.52

（2）植物多样性分析　S5 区群落 Margalef 指数：灌草层 0.91，乔木层 0.62，说明尾矿库内绿地灌草层植物丰富度高于乔木层；灌草层 Simpson diversity 指数和 Shannon-wiener 指数均高于乔木层，说明灌草层物种多度和群落均匀度高于乔木层。由于绿地的立地条件复杂，因此灌草层群落均匀度较差；Pielou 指数：灌草层 0.34，乔木层 0.79，说明乔木层空间分布均匀度低于灌草层，该尾矿库内群落的物种多样性灌草层＞乔木层，见表 2-18。

表 2-18　S5 域物种多样性特征

Table 2-18　Features of species divesity in S5 area

层次 Gradation	Margalef 指数	Simpson diversity 指数	Shannon-wiener 指数	Pielou 指数
灌草层	0.91	0.81	0.61	0.34
乔木层	0.62	0.41	0.55	0.79

2.3.4　尾矿库区域植物群落分布特征

1. 植物群落分布特征

采用经典样方对尾矿库不同区域的主要植物进行统计分析，结果表明，尾矿库外东南区（S1）有 19 种植物，西南区（S2）有 24 种植物，西北区（S3）有 30 种植物，东北区（S4）有 20 种植物，尾矿库内（S5）有 8 种植物。由于受到立地条件、土壤污染和人为干扰三个因素的影响，尾矿库内、外区域呈现出灌草的种类和数量远高于乔木，植物种类、数量分布不均匀，植物群落生态位分布不合理，物种多样性较差等特点。图 2-7 表明，由于 S5 区域距离轻稀土尾矿坑距离最近，人工植被均采用污染耐受性强的植物，因此物种种类最少。S1 区为撂荒地和湿地，乔木以山桃为主，种类和数量稀少，灌草以湿地植物芦苇为主。由于地势最低，又处于下风口，土壤污染较重，使植物的种类和数量减少，影响了群落的稳定性。S4 区地势最高，分为撂荒地和工业用地，乔木和灌草以美化环境为目的，由新疆杨、樟子松、侧柏、紫丁香和早熟禾等景观效果良好的植物组成。受人为因素影响，植物群落呈现数量多、种类少的特点。S2 区为地势较低的撂荒地，乔木以人工栽植的幼龄旱柳为主，灌草以人工栽植的黑麦草、紫苜蓿结合野生种碱蓬、猪毛蒿为主，人工植被区和野生植被区结合，受人为干扰和植物群落演替影响，土壤出现大面积斑秃、裸露的情况。S3 区是农田废弃地，立地条件最好，植物种类最多，乔木以家榆和李子树为主，灌草以雏菊和玉米为主。各采样区植物种类和数量顺序依次为 S3＞S2＞S4＞S1＞S5，S3 区是立地条件最好、植物种类最丰富的地区。

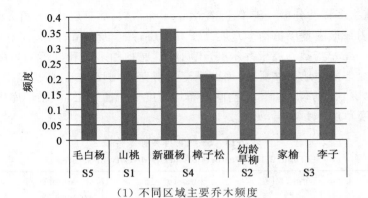

（1）不同区域主要乔木频度

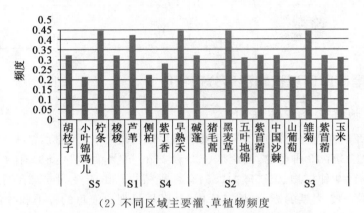

（2）不同区域主要灌、草植物频度

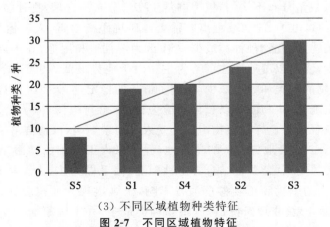

（3）不同区域植物种类特征

图 2-7　不同区域植物特征

Fig. 2-7　Features of plant community in different area

2.植物多样性特征

5 个采样区主要物种丰富度指数由高到低依次为 S3＞S2＞S1＞S4＞S5,见图 2-8。

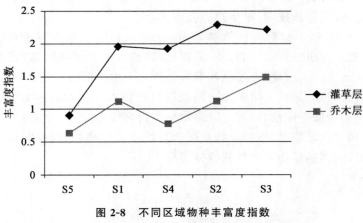

图 2-8　不同区域物种丰富度指数

Fig. 2-8　Margalef index in different area

2.4　小结

(1)轻稀土尾矿库内 S5 区和库外 S1 区、S2 区、S3 区、S4 区共同组成了尾矿库周边植物群落,植物共有 30 科 70 属 101 种,分别占包头市及中国种子植物科、属、种总数的 31.58％、18.42％、11.98％和 9.97％、2.06％、0.32％。说明包头轻稀土尾矿库周边植物种类稀少。与 1993 年的研究相比,植物多样性提升约 1.2 倍,人工植被修复初见成效。该区域植物包含 5 个以上属的优势科,分别为蔷薇科 Rosaceae(6 属 7 种),藜科 Chenopodiaceae(8 属 14 种),菊科 Asteraceae(8 属 15 种)、禾本科 Gramineae(8 属 9 种)、豆科 Leguminosae(8 属 9 种),共计 5 科 38 属 54 种,分别占该区植物属和种的 54.29％,53.47％。包含 3 种以上的多种属共有 8 个属,优势属为松属 Pinus(3 种)、杨属 Populus(5 种)、丁香属 Syringa(3 种)、藜属 Chenopodium(4 种)、酸模属 Rumex(4 种)、蒿属 Artemisia(6 种)、碱蓬属 Suaeda(3 种)、蒲公英属 Taraxacum(3 种)。属的地理分布为表 2-3 中世界分布 10 属,占该区域总属数的 14％;北温带分布 20 属,占该区域总属数的 29％;旧世界温带分布 8 属,占该区域总属数的 11％;三个分布区占总属数的 54％,说明该区域植物区系属于北温带。

（2）包头轻稀土尾矿库周边土壤恢复所采用的植物，应遵循植物自然演替规律，多采用当地优势植物和乡土植物，例如蔷薇科 Rosaceae、藜科 Chenopodiaceae、菊科 Asteraceae、禾本科 Gramineae、豆科 Leguminosae 等优势科植物。依据植物属的地理分布，应选择抗寒、抗旱能力强的植物。

（3）S1 区和 S3 区以野生植物群落为主；S2 区以人工植物群落和野生植物群落组成，植物群落出现逆向演替；S4 区和 S5 区均为人工植物群落，植物群落演替水平处于较低阶段。因此，人工植物群落是改善土壤环境的有效方法。

综上所述，包头轻稀土尾矿库区植被恢复应以人工植物群落为主，选择抗寒、抗旱的乡土植物进行配植，丰富库区植物种类，构建稳定的植物群落。植物演替过程，乡土植物会逐渐增多，按照演替规律合理配植先锋植物，这样可以缩短植物群落恢复的时间，提高植物群落自我维持的能力。

第3章 包头轻稀土尾矿库现有植被恢复土壤效应分析

包头轻稀土尾矿库周边区域是植物生长的极端生境,生态系统破坏严重,植物群落和土壤环境很难恢复到正常状态。截至 2011 年尾矿库周边生态环境引起国家和当地政府高度重视,尝试采用人工植被修复方法改善生态环境,增加少量入侵植物提高群落稳定性,改善土壤理化性质,减少土壤中轻稀土污染,恢复生态系统功能,形成具有自我维持能力的生态系统。土壤改良分为土壤物理性质、化学性质改良和污染物含量减少改良。轻稀土尾矿库周边土壤中缺乏氮、磷等养分物质,是限制植物生长的主要因素,可以通过种植固氮植物和增加落叶植物比例的方法进行土壤化学改良。此外,植物可以通过根系的吸收、转移作用减少土壤中污染物的含量。尾矿库周边生态环境恢复是以改善土壤生态环境为目的的,常用的土壤改良措施包括物理改良、化学改良和生物改良。目前,轻稀土尾矿库周边土壤环境依然没有得到有效改善。存在植物大量死亡或生长缓慢,土壤物理结构差、养分少以及轻稀土污染较为严重等问题,环境恢复十分困难并且需要较长的周期。环境恢复首先应确定恢复的目标,通过分析确定恢复方法,再采用重建技术进行生态系统恢复工程。

3.1 采样区概况

1. 尾矿库周边植物群落恢复现状特征

包头轻稀土尾矿库周边以西北风为主导风向,春季风沙大,年平均风速为 1.35~1.95 m/s;当地严重缺水,蒸发量大;尾矿库四周除风速不同外,其他气象条件相同。2017 年以尾矿库为圆点,围墙内外 1 km 范围内进行植物多样性调查,结果显示豆科、菊科、禾本科、藜科、蓼科、杨柳科和松科为主要植物品种。受人工植被修复工程、气温变暖和农田迁移等人为活动影响,对比 1993 年植物多样性调查研究显示,植物科数降低,种数上升,植物多样性提升近 1.2 倍。当地植物群落以野生群落和人工群落为主,植物种类稀少导致群落稳定性差,缺少种间竞争导致种内竞争激烈,单种植物死亡严重、覆盖率低和土壤斑秃等问题。

包头轻稀土尾矿库将其围墙内外分为 5 个采样区,S1 区是库外东南方向、S2

区是库外西南方向、S3 区是库外西北方向、S4 区是库外东北方向和 S5 区是库内，南低北高平均坡度为 0.4%。分别在 5 个采样区中选取植物群落较好的地块作为植物群落修复地进行分析，见图 3-1。S5 区选取 13 采样点，东西 20 m×南北 50 m，是尾矿库内污染最严重区域，表层土壤呈黑色，沙质土壤，处于东南地势较低区域，2011 年进行人工植被修复工程，主要以 5 种灌木为主（梭梭、白刺、花棒、小叶锦鸡儿、胡枝子），搭配列植毛白杨，植物覆盖率较高，种类单一，缺少群落层次；S4 区选取 10 采样点，东西 50 m×南北 20 m，位于尾矿库外东北方向 700 m 内，土壤为沙质土，地势较高，周边有工业厂房，2011 年以厂区绿化模式进行了人工栽植工程，植物主要以国槐、毛白杨、油松和山桃为主，配植灌木，种类较少，群落层次较为合理；S3 区选取 7 采样点，东西 50 m×南北 20 m，位于尾矿库外西北方向 700 m 内，土壤为沙质土，是 5 个采集区中土壤污染最少的区域，植物以野生植物碱蓬为主，群落简单，土地局部斑秃；S2 区选取 4 采样点，东西 50 m×南北 20 m，位于尾矿库外西南方向 700 m 内，2011 年进行人工植被修复工程，主要以旱柳和油松为主，配植紫苜蓿和早熟禾，由于立地条件差和管理不善等原因，植物死亡率高、覆盖率低、土壤大量裸露，植物以人工植物为主，与野生植物共同组成该区域植物群落，群落稳定性差；S1 区选取 1 采样点，东西 50 m×南北 20 m，位于尾矿库外东南侧 700 m 内，地势最低，土壤污染严重，少量积水，植物以野生芦苇为主，植物种类、数量稀少，土地大面积裸露。

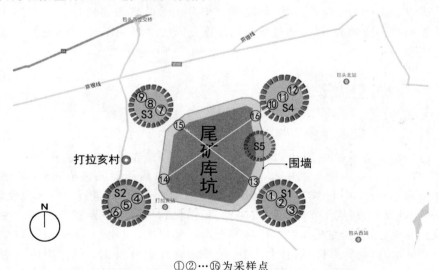

①②…⑯为采样点

图 3-1　包头轻稀土尾矿库区位置示意图

Fig. 3-1　Location diagram of baotou light rare earth tailings pond area

　2.尾矿库周边土壤恢复现状特征

　　包头轻稀土尾矿库区域的生态恢复工程,采用不同植物群落恢复模式通过对土壤物理、化学性质和表层土壤中主要污染物轻稀土进行综合改良。土壤中的物质由固体、液体和气体组成,其中固体是土壤颗粒;液体和气体是土壤空隙中含有的水分和空气。土壤生态环境是植物存活的基础条件,研究土壤改良应分析土壤物理性质,包括土壤容重、毛管孔隙度、非毛管孔隙度和土壤水分等,通过对土壤物理性质的研究确定植物的选择与养护方法。其中,土壤水分是土壤肥力的直接参考指标;土壤容重、毛管孔隙度和非毛管孔隙度是土壤肥力的间接参考指标。研究土壤化学性质是提高土壤肥力和补充植物所需营养元素的依据,土壤化学性质包括土壤 pH、有机质、全氮(N)、全钾(K)、全磷(P)、速效氮、速效钾和有效磷。研究土壤的主要污染物是精准修复土壤环境的方法,包头轻稀土尾矿库周边表层土壤的主要污染物为轻稀土。土壤污染会导致以下问题:①植被死亡或抑制生长,植被覆盖率降低土壤理化性质下降,造成土壤板结、水土流失等问题;②植物多样性降低,群落稳定性差;③轻稀土元素大量进入土壤和空气中,危害动物和人类健康;④土壤中轻稀土污染物进入大气、地下水中造成次生态环境污染。因此,在植物恢复尾矿库生态环境的过程中首先应对土壤环境进行恢复。研究轻稀土尾矿库内周边土壤特征有助于精准恢复生态环境和提高植物成活率,达到优化植物景观的效果。

3.2　研究方法

3.2.1　土壤物理性质采样及检测

　　土壤质量评价研究中土壤物理性质是重要的评价因子。它与土壤化学性质和土壤中主要污染物共同反映土壤质量,是分析土壤环境的重要指标。土壤物理性质改良的方法包括植物覆盖表土和客土覆盖技术,植物覆盖表土主要是利用多年生植物进行土壤的覆盖,涵养水源,固土降温;客土覆盖改良的方法是更换表层1 m 的土壤。

　1.样品采集

　　在第 3 章植物多样性调查设置的 16 个采样区中,将其中 5 个具有代表性的采样点作为土壤环境恢复研究区,分别为 13、10、7、4 和 1 地块,每个研究区选择为1 000 m² ,见图 3-1。

　　土壤采集时间分为两次,2011 年 6 月和 2017 年 6 月。土壤采集采用五点采集-四分法,每采样点取样深度为 0～20 cm,20～40 cm 和 40～60 cm。采集土样用无菌自封袋与环刀样品一起带回实验室,自然风干处理,去除植物器官后,过100 目筛,进行密封储存,测定土壤容重、土壤水分、土壤毛管孔隙度和非毛管孔隙度等物理性质。采集 15 个样品,每个样品平均分为 3 份,实验重复 3 次取平均值。

2. 数据处理

数据采用 Excel 2010 进行处理,利用 SPSS 19.0 软件进行单因素方差分析,检验不同地块土壤物理性质的差异。

3. 样品测定

土壤容重、土壤毛管孔隙度和非毛管孔隙度采用环刀法取样测定,土壤含水量采用烘干法测定。实验主要仪器:恒温振荡培养箱,电子天平,紫外分光光度计,低温离心机。

(1)土壤容重是将一定容积的土壤在其烘干后与同容积水的重量比值。土壤容重的高低与土壤质地、压实系数、颗粒密度、有机质含量和其他土壤条件有关。土壤空隙越多,容重值越小,相反,容重值越大。黏质土壤容重一般为 1.0～1.5 g/cm³,沙质土壤容重一般为 1.2～1.8 g/cm³;增加植物多样性有助于提升土壤有机质含量,改良土壤结构,可以降低土壤容重。

(2)土壤非毛管孔隙是指直径大于 0.1 mm 的土壤大孔隙。非毛管孔隙与土壤体积的比值是非毛管孔隙度。它可以保障土壤通气性和透水性,水分过多会导致土壤中气体正常交换,从而影响植物生长。土壤非毛管孔隙度与总孔隙度比值为 50%～60%最佳。

(3)土壤毛管孔隙一般是指直径小于 0.1 mm 的土壤小孔隙。毛管孔隙与土壤体积的比值是毛管孔隙度。它可以保障土壤含水量,其数量与土壤质地和结构有关。沙质土毛管孔隙少,不易保水。

(4)土壤含水量是指土壤绝对含水量,即 100 g 烘干土中含有若干克水分,也称土壤含水率。105℃烘干法测定土壤含水量。测定土壤含水量可以精确植物个体在不同生长阶段的需水量,对植物群落具有重要意义。

2011 年 6 月在未进行植物群落恢复的包头轻稀土尾矿库周边对土壤物理性质进行分析,结果见表 3-1。5 个采样区土壤容重数值变化较小,土层厚度 0～20 cm 的数值范围:1.69～1.77 g/cm³,20～40 cm 的数值范围:1.76～1.81 g/cm³,40～60 cm 的数值范围:1.77～1.82 g/cm³;5 个采样区土壤含水量数值变化较大,土层厚度 0～20 cm 的数值范围:4.87%～7.49%,20～40 cm 的数值范围:4.49%～7.01%,40～60 cm 的数值范围:4.31%～6.67%;5 个研究地块土壤毛管孔隙度数值变化较小,土层厚度 0～20 cm 的数值范围:37.32％～41.14％,20～40 cm 的数值范围:35.14％～38.64％,40～60 cm 的数值范围:34.65％～37.35％;5 个采样区土壤非毛管孔隙度数值变化较大,土层厚度 0～20 cm 的数值范围:1.65％～2.75％,20～40 cm 的数值范围:2.54％～3.95％,40～60 cm 的数值范围:3.45％～4.53％。

表 3-1　土壤物理性质

Table 3-1　Soil physical property

研究区/采样点 Research area/ Sampling point	土层厚度 /cm Soil thickness	土壤容重/ (g/cm³) Soil bulk density	含水量/% Water content	毛管孔隙度/% Capillary porosity	非毛管孔隙度/% Non-capillary porosity
S5/13	0～20	1.72±0.07	5.25±0.05ab	37.34±1.22	2.75±1.64
	20～40	1.78±0.11	4.82±0.07b	35.21±1.73	3.76±0.65
	40～60	1.82±0.14	4.69±0.08a	34.65±1.55	4.53±1.00
S4/10	0～20	1.69±0.15	6.11±0.19a	41.14±1.05	2.38±0.69
	20～40	1.76±0.06	4.99±0.09c	38.63±1.20	3.14±0.87
	40～60	1.77±0.12	4.65±0.20b	35.94±2.07	4.14±0.87
S3/7	0～20	1.69±0.06	4.87±0.13a	38.18±1.91	1.65±1.34
	20～40	1.77±0.14	4.49±0.09a	36.93±1.32	2.54±0.76
	40～60	1.79±0.11	4.31±0.23b	35.35±1.63	3.45±1.14
S2/4	0～20	1.77±0.16	7.49±0.19c	39.37±1.58	2.05±1.22
	20～40	1.81±0.14	7.01±0.21ab	38.64±1.25	3.79±0.93
	40～60	1.82±0.09	6.67±0.03b	37.35±1.87	4.00±1.38
S1/1	0～20	1.70±0.12	6.78±0.12b	37.32±1.37	2.52±1.39
	20～40	1.78±0.06	6.23±0.04c	35.14±1.08	3.95±2.07
	40～60	1.80±0.14	5.76±0.15a	34.72±1.84	4.18±1.31

注:表中的数字为平均值±标准差。

5 个采样区土壤容重规律显示,表层土壤低于底层土壤容重,0～20 cm 层＜20～40 cm 层＜40～60 cm 层。表层到底层土壤容重差异值分别为 -0.08 g/cm³、-0.05 g/cm³ 和 -0.05 g/cm³,表层土壤容重受外部环境影响变化差异较大,底层土壤受外界影响较小,见图 3-2(1)。S4 区和 S3 区分别位于尾矿库围墙外东北和西北 700 m 处,受主导风向影响较小,土壤污染较少,与其他 3 个采样区相比土壤容重值较低;而 S5 区距尾矿库坑最近,S2 区、S1 区地势较低且受主导风向影响较大,土壤裸露、板结情况较为严重,土壤容重值较高。

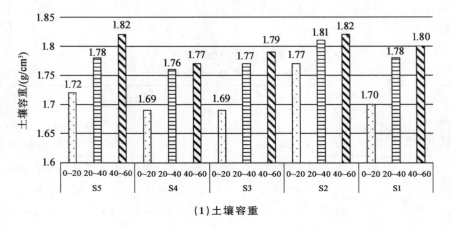

(1)土壤容重

5 个采样区土壤含水量规律显示,表层土壤高于底层土壤含水量,0~20 cm 层>20~40 cm 层>40~60 cm 层。表层到底层土壤含水量差异值分别为 2.62%、2.52%和 2.36%。表层土壤含水量变化差异较大,底层土壤受外界影响较小,见图 3-2(2)。土壤含水量与地势高低呈正比,除 S2 区、S1 区土壤含水量略高,其余区域基本一致。

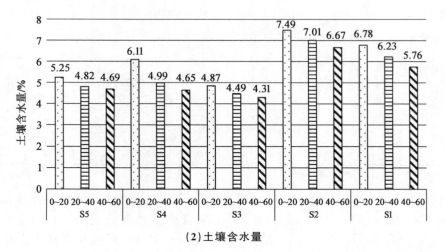

(2)土壤含水量

5 个采样区土壤毛管孔隙度规律显示,表层土壤高于底层土壤毛管孔隙度,0～20 cm 层＞20～40 cm 层＞40～60 cm 层。表层到底层土壤毛管孔隙度差异值分别为 3.82％、3.50％和 2.70％,表层土壤毛管孔隙度变化差异较大,底层土壤受变化值较小,见图 3-2(3)。

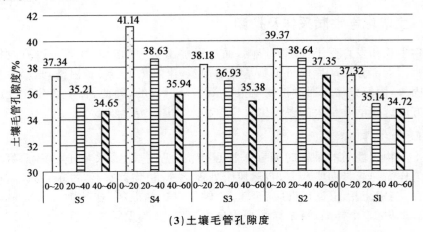

(3)土壤毛管孔隙度

5 个采样区土壤非毛管孔隙度规律显示,表层土壤低于底层土壤非毛管孔隙度,0～20 cm 层＜20～40 cm 层＜40～60 cm 层。表层到底层土壤非毛管孔隙度差异值分别为－1.10％、－1.41％和－1.08％,表层土壤非毛管孔隙度变化差异较小,见图 3-2(4)。

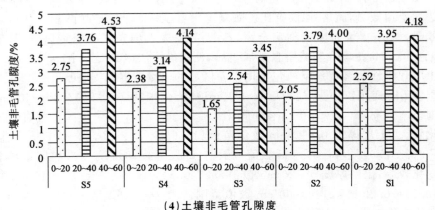

(4)土壤非毛管孔隙度

图 3-2　土壤物理性质差异图

Fig. 3-2　Soil physical properties

经方差分析显示,包头轻稀土尾矿库 5 个采样区土壤物理性质的各项指标数值变化不大,不同土层的土壤容重、含水量、毛管孔隙度和非毛管孔隙度无明显变化,土壤含水量在 0.05 水平上表现差异,土壤含水量规律由表层到底层含水量呈递减趋势。该区域日照强烈土壤含水量低,应首选耐干旱的植物。

3.2.2 土壤化学性质采样及检测

植物生长和发育受土壤肥力影响,通过增加土壤中的营养物质可以有效提高土壤肥力。大部分尾矿库周边土壤基质结构差,速效化肥容易被淋洗,选择豆科植物进行固氮,固氮根瘤是通过植物与根瘤菌结合形成的,因此,在土壤化学性质较差的地方应选择落叶量大的多年生豆科植物来增加土壤养分。

1. 样品采集

与土壤物理性质的采样时间和采样点相同,见图 3-1。采集土样用无菌自封袋与环刀样品一起带回实验室,自然风干处理,去除植物器官后,过 100 目筛,进行密封储存,测定土壤 pH、有机质、全氮、全钾、全磷、速效氮、速效钾和有效磷等化学性质。采集 15 个样品,每个样品平均分为 3 份,实验重复 3 次后取平均值。

2. 数据处理

数据采用 Excel 2010 进行处理,利用 SPSS 19.0 软件进行单因素方差分析,检验不同地块土壤化学性质的差异($\alpha = 0.05$),计算 Pearson 相关系数。

3. 样品测定

采用重铬酸钾-外加热法测定有机质,半微量凯氏定氮法测定土壤全氮,碱解-扩散法测定速效氮,碱熔-钼锑抗比色法测定土壤全磷,氟化铵-盐酸浸提法测定土壤有效磷,碱熔-火焰光度法测定全钾,乙酸铵-浸提火焰光度法测定速效钾,电位法测定土壤 pH,土壤在实验室自然风干后,使用烘干法(105℃,4 h)。

土壤化学性质客观地反映包头尾矿库区域的土壤营养状况,见表 3-2。5 个采样区土壤 pH 变化较小,土层厚度 0～20 cm 数值范围:8.66～9.07,20～40 cm 数值范围:8.43～8.84,40～60 cm 数值范围:8.15～8.71;5 个采样区土壤有机质数值变化较大,土层厚度 0～20 cm 数值范围:1.86%～2.24%,20～40 cm 数值范围:1.79%～2.04%,40～60 cm 数值范围:1.68%～1.79%;5 个采样区土壤全氮数值变化较小,土层厚度 0～20 cm 数值范围:0.20～0.31 g/kg,20～40 cm 数值范围:0.18～0.29 g/kg,40～60 cm 数值范围:0.17～0.25 g/kg;5 个采样区土壤全钾数值变化较小,土层厚度 0～20 cm 数值范围:12.46～14.16 g/kg,20～40 cm 数值范围:10.04～11.99 g/kg,40～60 cm 数值范围:9.01～10.08 g/kg;5 个采样区土壤全磷数值变化较小,土层厚度 0～20 cm 数值范围:0.41～0.46 g/kg,20～

40 cm 数值范围:0.37~0.41 g/kg,40~60 cm 数值范围:0.32~0.36 g/kg;5 个采样区土壤速效氮数值变化较大,土层厚度 0~20 cm 数值范围:10.89~46.41 mg/kg,20~40 cm 数值范围:9.33~39.10 mg/kg,40~60 cm 数值范围:5.53~26.11 mg/kg;5 个采样区土壤速效钾数值变化较大,土层厚度 0~20 cm 数值范围:56.87~95.07 mg/kg,20~40 cm 数值范围:52.19~81.25 mg/kg,40~60 cm 数值范围:39.01~60.43 mg/kg。5 个采样区土壤有效磷数值变化较小,土层厚度 0~20 cm 数值范围:4.10~4.51 mg/kg,20~40 cm 数值范围:3.32~3.98 mg/kg,40~60 cm 数值范围:3.05~3.42 mg/kg。

表 3-2　土壤化学性质

Table 3-2　Soil chemistry property

样地 Area	土层厚度 /cm Land thickness	pH	有机质/ % Organic matter	全氮/ (g/kg) Nitrogen	全钾/ (g/kg) Potassium	全磷/ (g/kg) Phosphorus	速效氮/ (mg/kg) Available nitrogen	速效钾/ (mg/kg) Available potassium	有效磷/ (mg/kg) Available phosphorus
S5	0~20	8.82±0.16	1.95±0.33	0.20±0.01	12.47±0.51	0.41±0.06	41.38±3.03	73.28±6.04	4.26±0.12
	20~40	8.58±0.15	1.82±0.10	0.18±0.02	10.22±0.98	0.37±0.02	35.72±4.17	62.81±5.15	3.52±0.05
	40~60	8.15±0.12	1.75±0.21	0.17±0.02	9.01±0.25	0.32±0.04	26.11±2.04	48.49±5.09	3.10±0.03
S4	0~20	8.67±0.22	2.24±0.17	0.31±0.06	14.16±1.23	0.46±0.05	25.79±3.12	60.27±4.01	4.33±0.02
	20~40	8.48±0.14	2.04±0.12	0.29±0.08	11.99±1.03	0.41±0.08	21.95±2.26	54.98±5.09	3.72±0.28
	40~60	8.26±0.21	1.78±0.07	0.25±0.02	10.08±1.24	0.37±0.02	13.13±1.05	39.01±2.33	3.31±0.11
S3	0~20	8.68±0.55	1.86±0.18	0.23±0.06	13.61±1.14	0.43±0.10	10.89±2.16	56.87±4.38	4.10±0.06
	20~40	8.43±0.29	1.79±0.13	0.22±0.02	11.50±1.31	0.37±0.02	9.33±1.08	52.19±3.30	3.32±0.18
	40~60	8.27±0.15	1.70±0.02	0.20±0.02	9.99±1.09	0.33±0.02	5.53±0.21	39.99±2.18	3.05±0.03
S2	0~20	9.07±0.33	1.94±0.31	0.25±0.06	13.59±1.21	0.45±0.04	46.41±6.02	95.07±9.11	4.51±0.07
	20~40	8.84±0.31	1.86±0.14	0.24±0.03	10.91±1.59	0.40±0.05	39.10±3.13	81.07±6.48	3.98±0.14
	40~60	8.71±0.35	1.79±0.10	0.22±0.03	9.21±1.26	0.36±0.04	25.50±3.16	60.43±5.07	3.42±0.02
S1	0~20	8.66±0.35	1.81±0.26	0.26±0.03	12.46±1.21	0.44±0.03	41.21±4.13	87.16±8.41	4.36±0.13
	20~40	8.51±0.41	1.79±0.10	0.24±0.06	10.84±1.13	0.39±0.10	36.32±4.06	81.25±7.34	3.39±0.09
	40~60	8.41±0.56	1.68±0.18	0.22±0.04	9.23±0.91	0.35±0.05	25.79±2.07	56.23±5.15	3.07±0.02

注:表中的数字为平均值±标准差。

具体分析如下:

5 个采样区土壤 pH 显示表层土壤高于底层土壤,0~20 cm 层>20~40 cm 层>40~60 cm 层。表层、中层和底层土壤 pH 差异值分别为 0.41、0.41 和 0.56,

各区表层土壤 pH 与土层深度无相关性；各采样区土壤 pH 由高到低依次为 S2＞
S1＞S5＞S4＞S3，说明地势低导致 pH 高，见图 3-3(1)。

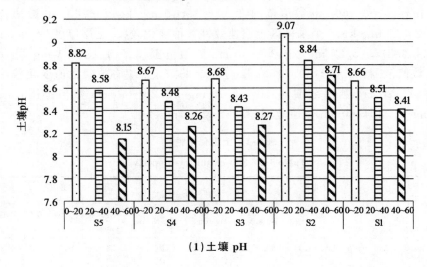

(1)土壤 pH

5 个采样区土壤有机质含量显示，土壤表层高于底层，0～20 cm 层＞20～40 cm
层＞40～60 cm 层。表层、中层和底层土壤有机质含量差异值分别为 0.38％、0.25％
和 0.11％，表层土壤有机质含量随土层加深差异值变小，底层土壤有机质含量丰富，
见图 3-3(2)。土壤有机质含量除 S4 区略高外，其余区域基本一致。

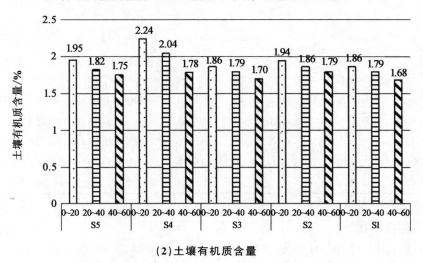

(2)土壤有机质含量

　　5 个采样区土壤全氮含量显示表层土壤高于底层土壤,0～20 cm 层＞20～40 cm 层＞40～60 cm 层。表层、中层和底层土壤全氮含量差异值分别为 0.11 g/kg、0.11 g/kg 和 0.08 g/kg,表层土壤全氮含量随土层加深差异值变小,见图 3-3(3)。土壤全氮含量除 S4 区略高外,S5 区最低,其余区域基本一致。

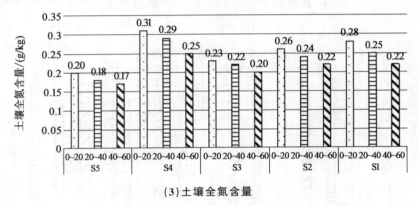

(3)土壤全氮含量

　　5 个采样区土壤全钾含量显示表层土壤高于底层土壤,0～20 cm 层＞20～40 cm 层＞40～60 cm 层。表层、中层和底层土壤全钾含量差异值分别为 1.70 g/kg,1.95 g/kg 和 1.07 g/kg,表层土壤全钾含量随土层加深差异值变小,见图 3-3(4)。土壤全钾含量除 S5 区和 S1 区略低外,其余区域基本一致。

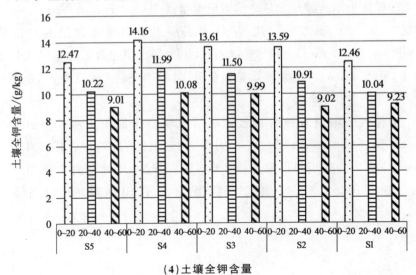

(4)土壤全钾含量

　　5个采样区土壤全磷含量显示表层土壤高于底层土壤,0～20 cm 层＞20～40 cm 层＞40～60 cm 层。表层、中层和底层土壤全磷含量差异值分别为0.05 g/kg、0.04 g/kg 和 0.04 g/kg,表层土壤全磷含量随土层加深差异值变小,见图 3-3(5)。土壤全磷含量除 S5 区略低外,其余区域基本一致。

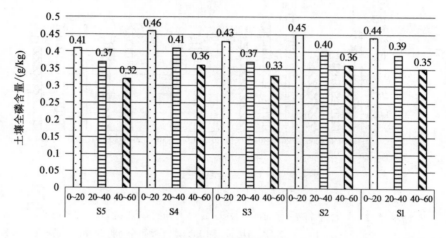

(5)土壤全磷含量

　　5个采样区土壤速效氮含量显示表层土壤高于底层土壤,0～20 cm 层＞20～40 cm 层＞40～60 cm 层。表层、中层和底层土壤速效氮含量差异值分别为35.52 mg/kg、29.77 mg/kg 和 20.58 mg/kg,表层土壤速效氮含量随土层加深差异值变小,见图 3-3(6)。土壤速效氮含量除 S3 区和 S4 区较低外,其余区域基本一致。

　　5个采样区土壤速效钾含量显示表层土壤高于底层土壤,0～20 cm 层＞20～40 cm 层＞40～60 cm 层。表层、中层和底层土壤速效钾含量差异值分别为38.20 mg/kg,29.06 mg/kg 和 21.42 mg/kg,表层土壤速效钾含量随土层加深差异值变小,见图 3-3(7)。土壤速效钾含量除 S2 和 S1 区略高外,其余区域基本一致。

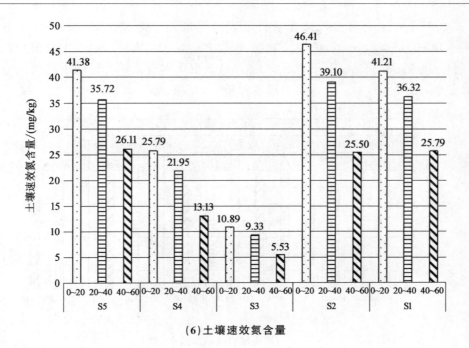

（6）土壤速效氮含量

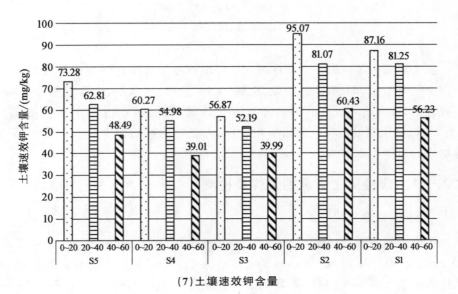

（7）土壤速效钾含量

　　5 个采样区土壤有效磷含量显示表层土壤高于底层土壤,0～20 cm 层＞20～40 cm 层＞40～60 cm 层。表层、中层和底层土壤有效磷含量差异值分别为0.41 mg/kg、0.66 mg/kg 和 0.37 mg/kg,表层土壤有效磷含量随土层加深差异值变小,见图 3-3(8)。土壤有效磷含量除 S2 区略高外,其余区域基本一致。

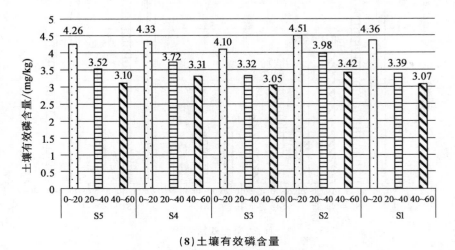

(8)土壤有效磷含量

图 3-3　土壤化学性质差异

Fig. 3-3　Soil chemical properties

　　包头轻稀土尾矿库 5 个采样区土壤环境恢复的各项化学指标数值差异较大;不同土层土壤的 pH、有机质含量、全氮、全钾、全磷、速效氮、速效钾和有效磷含量差异较小,经方差分析显示在 0.05 水平上表现无明显差异。结果显示在 2011 年6 月,该区域土壤的各项化学指标均较低,人工植物群落应选择可以增加、固定营养物质的多年生木本植物。

3.2.3　土壤轻稀土含量的采样及检测

1.样品采集

　　土壤采集包头尾矿库周边 S5 区、S4 区、S3 区、S2 区和 S1 区域,分别采集 0～20 cm,20～40 cm 和 40～60 cm 的土壤。采用五点采集—四分法采集样品,每个采样点采集 5 份 1.6 kg 土壤,均匀混合后分为 4 等份,每份留 2 kg,随机留 1 份土壤装入无菌自封袋备用并做好记录。样品采样时间 2011 年 6 月。采集 15 个样品,每个样品平均分为 3 份,实验重复 3 次后取平均值。

2. 数据处理

数据采用 Excel 2010 进行处理,利用 SPSS 19.0 软件进行单因素方差分析,检验不同地块土壤物理性质的差异($\alpha = 0.05$),计算 Pearson 相关系数。

3. 样品测定

采用 ICP 法进行土壤中各元素的检测,土壤样品在实验室环境下自然风干后,在 105℃ 条件下烘干 4 h,除去植物器官等杂物后过 100 目筛网,称取备用土壤样品和标准土样各 0.20 g,装到聚四氟乙烯坩埚中,加水润湿并加入 3 mL 硝酸和 2 mL 氢氟酸,将坩埚放到加热仪上 130℃ 加热 2 h;再加入 2 mL 氢氟酸和 3 mL 王水(硝基盐酸)加热 2 h,再加入 0.5 mL 高氯酸,150℃ 开口蒸干至坩埚不再冒白烟。再两次加入王水 3 mL 和 0.5 mL 高氯酸,200℃ 蒸干,残渣呈黑色,加入 3 mL 王水完全溶解、温度降低后定溶到 25 mL 聚乙烯瓶;采用智能消解炉 HYP-320 消解,ICP 测定样品消解液中轻稀土 La、Ce、Pr、Nd、Sm、Pm 和 Eu 元素的含量。

土壤轻稀土污染显示该区域土壤污染状况。检测包头尾矿库 S5 区、S4 区、S3 区、S2 区和 S1 区采样点不同土层的轻稀土各元素含量,见表 3-3。轻稀土 La 的数值变化较大,土层厚度 0~20 cm 数值范围:217.45~4838.05 mg/kg,20~40 cm 数值范围:199.33~4434.88 mg/kg,40~60 cm 数值范围:127.22~3185.05 mg/kg;土壤 Ce 的数值变化较大,土层厚度 0~20 cm 数值范围:449.02~7394.44 mg/kg,20~40 cm 数值范围:319.44~6778.23 mg/kg,40~60 cm 数值范围:272.35~4868.00 mg/kg;土壤 Pr 的数值变化较大,土层厚度 0~20 cm 数值范围:107.31~2383.28 mg/kg,20~40 cm 数值范围:93.86~2184.68 mg/kg,40~60 cm 数值范围:63.68~1569.01 mg/kg;土壤 Nd 的数值变化较大,土层厚度 0~20 cm 数值范围:142.30~3236.94 mg/kg,20~40 cm 数值范围:130.36~2967.20 mg/kg,40~60 cm 数值范围:89.07~2130.99 mg/kg;土壤 Sm 的数值变化较大,土层厚度 0~20 cm 数值范围:12.49~287.24 mg/kg,20~40 cm 数值范围:11.45~263.31 mg/kg,40~60 cm 数值范围:7.29~189.10 mg/kg;土壤 Pm 的数值变化较大,土层厚度 0~20 cm 数值范围:3.06~65.82 mg/kg,20~40 cm 数值范围:3.01~60.34 mg/kg,40~60 cm 数值范围:2.41~43.33 mg/kg;土壤 Eu 的数值变化较大,土层厚度 0~20 cm 数值范围:5.14~90.04 mg/kg,20~40 cm 数值范围:5.11~82.53 mg/kg,40~60 cm 数值范围:3.21~59.27 mg/kg。

表3-3　土壤中轻稀土各元素含量值

Table 3-3　Contents of light rare earth elements in soil

mg/kg

样地 Area	土层厚度/cm Land thickness	镧 La	铈 Ce	镨 Pr	钕 Nd	钐 Sm	钷 Pm	铕 Eu
S5	0~20	4838.05±321.57	7394.44±352.24	2383.28±162.99	3236.94±93.85	287.24±23.84	65.82±3.51	90.04±11.48
	20~40	4434.88±271.05	6778.23±318.16	2184.68±147.92	2967.20±109.23	263.31±18.43	60.34±8.79	82.53±6.21
	40~60	3185.05±227.26	4868.00±195.30	1569.01±157.94	2130.99±88.05	189.10±16.84	43.33±9.48	59.27±5.28
S4	0~20	395.29±21.46	790.17±41.89	121.57±16.17	177.25±15.65	12.49±2.51	5.54±1.34	8.79±1.84
	20~40	362.35±48.37	615.99±67.84	111.44±17.94	154.14±27.16	11.45±1.46	5.02±1.02	5.17±1.71
	40~60	230.59±17.21	319.27±51.82	70.92±9.43	101.73±31.93	7.29±5.49	3.82±0.84	3.21±0.68
S3	0~20	217.45±21.86	449.02±11.94	107.31±11.06	158.46±12.63	14.81±2.91	4.58±0.42	6.94±0.34
	20~40	199.33±16.27	411.77±33.07	98.70±9.54	145.34±10.29	13.32±1.47	4.53±0.95	5.61±1.51
	40~60	141.74±11.01	291.17±11.42	69.95±5.10	103.55±6.16	9.38±1.84	3.57±0.12	4.56±0.19
S2	0~20	327.56±13.23	675.76±60.69	115.49±11.18	142.30±12.61	13.78±3.25	3.06±0.57	5.14±0.86
	20~40	258.59±22.75	319.44±54.71	93.86±11.05	130.36±17.19	12.47±2.16	3.01±0.48	5.11±0.69
	40~60	127.22±14.70	272.35±25.09	63.68±6.46	89.07±7.91	8.86±0.21	2.41±0.34	3.96±0.29
S1	0~20	416.15±12.07	844.71±35.54	124.12±11.93	213.09±21.83	15.88±3.84	6.13±0.51	7.13±0.68
	20~40	321.56±17.09	753.61±28.14	107.82±12.42	195.22±17.22	15.91±8.83	5.89±0.76	7.08±0.81
	40~60	156.42±12.56	320.76±35.32	75.27±11.05	130.04±13.10	10.31±6.43	3.53±0.49	5.07±0.38

注：表中的数字为平均值±标准差。

　　5 个采样区表层土壤中轻稀土含量由高到低依次为:S5＞S1＞S4＞S2＞S3。

　　5 个采样区土壤中轻稀土镧元素含量表层土壤高于底层,0～20 cm 层＞20～40 cm 层＞40～60 cm 层,镧元素含量 0～20 cm 层和 20～40 cm 层的差异值变化较小,20～40 cm 层和 40～60 cm 层的差异值变化较大,表层土壤轻稀土镧元素含量随土层加深差异增大。土壤中轻稀土镧元素含量受距离影响显著,各区镧元素由高到低依次为:S5＞S1＞S4＞S2＞S3,在土层厚度 60 cm 以下的变化相对稳定;此外,土壤中轻稀土镧元素含量受风向影响明显,S3 区处于西北方向与东南方向 S5 区(主风向)中土壤镧元素含量值相差 22 倍左右,见图 3-4(1)。土壤中轻稀土镧含量除 S5 区较高外,其余区域均处于较低水平,但都大于内蒙古土壤几何平均值 32.80。

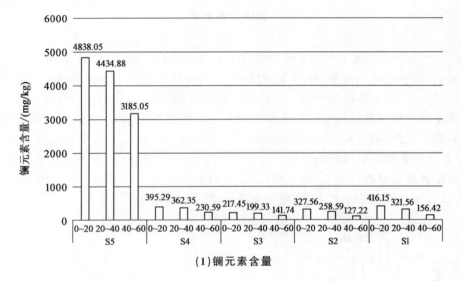

(1)镧元素含量

　　5 个采样区土壤中轻稀土铈元素含量表层土壤高于底层,0～20 cm 层＞20～40 cm 层＞40～60 cm 层,铈元素含量 0～20 cm 层和 20～40 cm 层的差异值变化较小,20～40 cm 层和 40～60 cm 层的差异值变化较大,表层土壤轻稀土铈元素含量随土层的加深差异增大。铈元素含量受土层深度影响明显,各区铈元素浓度由高到低依次为:S5＞S1＞S4＞S2＞S3,在土层厚度 60 cm 以下的变化相对稳定;此外,铈元素含量受风向影响明显,S3 区处于西北方向与东南方向 S5(主风向)中土壤铈元素含量值相差 16 倍左右,见图 3-4(2)。土壤中铈元素含量除 S5 区较高,其余区域均处于较低水平,但都大于内蒙古土壤几何平均值 49.10。

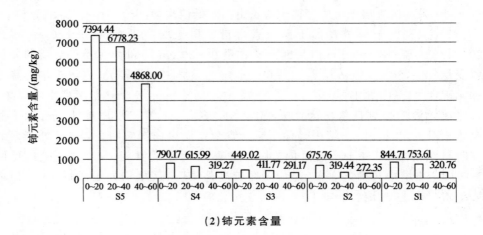

（2）铈元素含量

5个采样区土壤中轻稀土镨元素含量表层土壤高于底层，0～20 cm 层＞20～40 cm 层＞40～60 cm 层，镨元素含量 0～20 cm 层和 20～40 cm 层的差异值变化较小，20～40 cm 层和 40～60 cm 层的差异值变化较大，表层土壤轻稀土镨元素含量随土层的加深差异增大。镨元素含量受土层深度影响明显，各区镨元素浓度由高到低依次为：S5＞S1＞S4＞S2＞S3，在土层厚度 60 cm 以下的变化相对稳定；此外，镨元素含量受风向影响明显，S3 区处于西北方向与东南方向 S5 区（主风向）中土壤镨元素含量值相差 22 倍左右，见图 3-4（3）。土壤中轻稀土镨含量除 S5 区较高，其余区域均处于较低水平，但都大于内蒙古土壤几何平均值 5.68。

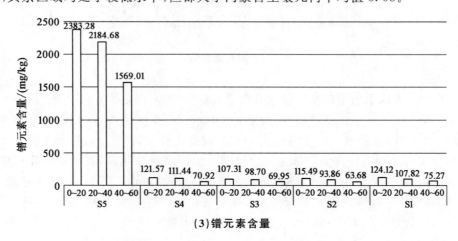

（3）镨元素含量

5 个采样区土壤中轻稀土钕元素含量表层土壤高于底层,0～20 cm 层＞20～40 cm 层＞40～60 cm 层,表层到底层土壤中轻稀土钕元素含量 0～20 cm 层和 20～40 cm 层的差异值变化较小,20～40 cm 层和 40～60 cm 层的差异值变化较大,表层土壤轻稀土钕元素含量随土层的加深差异增大。钕元素含量受土层深度影响明显,各区钕元素浓度由高到低依次为:S5＞S1＞S4＞S3＞S2,在土层厚度 60 cm 以下的变化相对稳定;此外,土壤中轻稀土钕元素含量受风向影响明显,S2 区处于西南方向与东南方向 S5 区(主风向)中土壤钕元素含量值相差 22 倍左右,见图 3-4(4)。土壤中轻稀土钕含量除 S5 区较高,其余区域均处于较低水平,但都大于内蒙古土壤几何平均值 19.20。

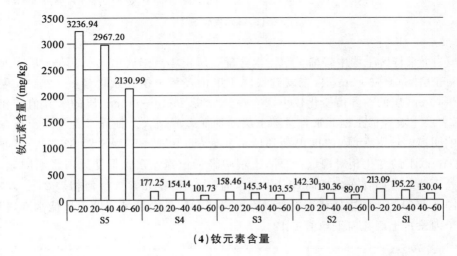

(4)钕元素含量

5 个采样区土壤中轻稀土铈元素含量表层土壤高于底层,0～20 cm 层＞20～40 cm 层＞40～60 cm 层,表层到底层土壤中轻稀土铈元素含量 0～20 cm 层和 20～40 cm 层的差异值变化较小,20～40 cm 层和 40～60 cm 层的差异值变化较大,表层土壤轻稀土铈元素含量随土层的加深差异增大。铈元素含量受土层深度影响明显,各区铈元素浓度由高到低依次为:S5＞S1＞S3＞S2＞S4,在土层厚度 60 cm 以下的变化相对稳定;此外,土壤中轻稀土铈元素含量受风向影响明显,S4 区处于东北方向与东南方向 S5 区(主风向)中土壤铈元素含量值相差 22 倍左右,见图 3-4(5)。土壤中轻稀土铈含量除 S5 区较高,其余区域均处于较低水平,但都大于内蒙古土壤几何平均值 3.81。

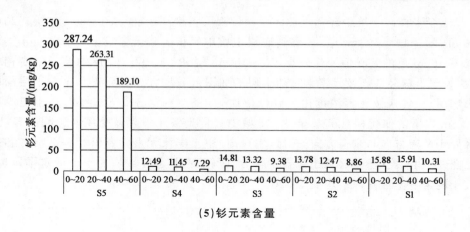

（5）钐元素含量

5个采样区土壤中轻稀土钜元素含量表层土壤高于底层,0～20 cm 层＞20～40 cm 层＞40～60 cm 层,表层到底层土壤中轻稀土钜元素含量 0～20 cm 层和 20～40 cm 层的差异值变化较小,20～40 cm 层和 40～60 cm 层的差异值变化较大,表层土壤轻稀土钜元素含量随土层的加深差异增大。钜元素含量受土层深度影响明显,各区钜元素浓度由高到低依次为:S5＞S1＞S4＞S3＞S2,在土层厚度 60 cm 以下的变化相对稳定;此外,土壤中轻稀土钜元素含量受风向影响明显,S2 区处于西北方向与东南方向 S5 区(主风向)中土壤钜元素含量值相差 21 倍左右,见图 3-4(6)。土壤中轻稀土钜含量除 S5 区较高,其余区域均处于较低水平,但都大于内蒙古土壤几何平均值 1.12。

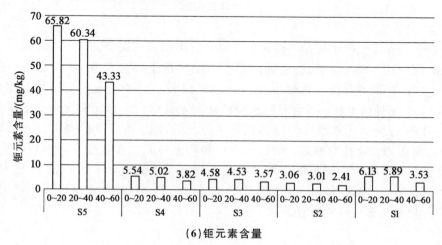

（6）钜元素含量

　　5 个采样区土壤中轻稀土铈元素含量表层土壤高于底层,0~20 cm 层>20~
40 cm 层>40~60 cm 层,表层到底层土壤中轻稀土铈元素含量 0~20 cm 层和
20~40 cm 层的差异值变化较小,20~40 cm 层和 40~60 cm 层的差异值变化较
大,表层土壤轻稀土铈元素含量随土层的加深差异增大。铈元素含量受土层深度
影响明显,各区铈元素浓度由高到低依次为:S5>S1>S4>S3>S2,在土层厚度
60 cm 以下的变化相对稳定;此外,土壤中轻稀土铈元素含量受风向影响明显,S2 区
处于西南方向与东南方向 S5 区(主风向)中土壤铈元素含量值相差 17 倍左右,见图
3-4(7)。土壤中轻稀土铈含量除 S5 区较高,其余区域均处于较低水平,但都大于
内蒙古土壤几何平均值 0.81。

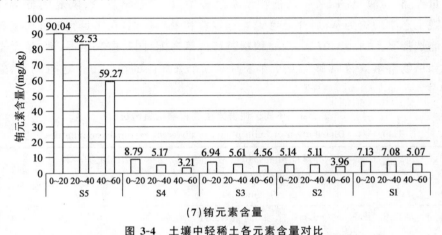

图 3-4　土壤中轻稀土各元素含量对比

Fig. 3-4　Comparison of contents of light rare earth elements in soil

　　包头轻稀土尾矿库 5 个采样区表层土壤中轻稀土各元素含量变化差异显著,
不同土层 7 个元素变化规律相同,即 40 cm 以上变化较小,40 cm 以下变化较大,
经方差分析显示在 0.05 水平上 7 个元素均有显著差异,结果显示在 2011 年 6 月,
该区域土壤轻稀土污染严重,应选吸附能力强的多年生灌木进行恢复。

3.3　植物群落分析

　　植物群落调查发现:①立地条件相差较大,5 个采样区土壤理化性质和土壤轻
稀土污染浓度差异大,植物分布差异性大;②植物数量、种类少,群落稳定性差,特
别是乔木种类单一,缺少常绿树,灌、草分布差异性大;③景观效果差,人工群落未

按生态学理论进行植物选择,未按景观生态学理论进行配植,未按恢复生态学理论进行植物群落的恢复和重建,导致人工植被被大量死亡,群落结构和功能被破坏。尾矿库周边 5 个采样区植物群落差异显著,S5 区于 2011 年进行了人工植被恢复工程,主要以灌木为主,配植毛白杨;S4 区周边由工业厂房、绿地和空地组成,2011年对其周边进行了厂区绿化,搭配乔、灌、草等多种植物;S3 区是 2008 年被弃用的农田,以野生灌草为主,局部裸露;S2 区地势最低,2011 年进行了人工植被修复工程,主要以防风固土为目的,大量使用乔木,以油松和旱柳为主,野生植物与人工植被共同构成植物群落;S1 区地势较低,无人工植物恢复工程,全部为野生植物,土地大量裸露,位置见图 3-1。在植物恢复过程中,以生态学理论、恢复生态学理论和景观生态学理论为基础,充分考虑生态效益和景观效果,在满足宜地宜树基础上尽可能选择乡土树种与富集、耐受植物进行群落搭配,同时应满足乔、灌、草生态位原则和植物群落演替原则。2017 年 6 月对 5 个采样区的植物群落进行调查,见表3-4。

表 3-4　不同区域群落主要植物配植情况

Table 3-4　Distribution of main plants in different regional communities

采样区 Sampling area	群落配植主要植物 Planting main plants in communities	植被覆盖率/% Vegetation coverage	乔木层高度/m Tree height
S5	毛白杨(胸径 12 cm)＋柠条(高 50 cm)＋花棒(高80 cm)＋胡枝子(高 60 cm)＋白刺(高 60 cm)＋小叶锦鸡儿(高 60 cm)	85	6.0
S4	毛白杨(胸径 8 cm)国槐(胸径 8 cm)＋油松(高2.5 m)＋山桃(胸径 4 cm)＋紫丁香(高 1.5 m)＋紫苜蓿(高 40 cm)＋早熟禾(高 13 cm)	70	3.5
S3	毛白杨(胸径 15 cm)＋旱柳(胸径 10 cm)＋芦苇(高60 cm)＋碱蓬(高 25 cm)＋紫苜蓿(高 25 cm)	55	4.0
S2	旱柳(胸径 6 cm)＋油松(高 4.5 m)＋紫苜蓿(高25 cm)＋早熟禾(高 13 cm)＋胡枝子(高 60 cm)＋碱蓬(高 25 cm)	65	4.0
S1	碱蓬(高 25 cm)＋芦苇(高 60 cm)	15	0.6

3.3.1　S5 区植物群落分析

1. 植物群落的组成

S5 区位于尾矿库内东南侧,南北长 20 m×东西宽 50 m,示意图 10 m×25 m。该区域表层土壤中轻稀土污染指数最高,2011 年以多年生灌木群落为主进行人工植被修复工程。首先,选择抗寒、抗旱的植物;其次,以轻稀土富集植物和耐受植物为主;最后,增加植被覆盖率达到有效增加土壤水分和养分的效果,有利于改善土壤环境。因此,在东南侧设置了防风能力突出的毛白杨作为上层植物,间隔 2.5 m 种植;以吸附轻稀土能力转强的豆科植物作为下层,选择胡枝子、白刺、小叶锦鸡儿等。

主要植物为:

上层:毛白杨(80 棵)

下层:梭梭(25 m²)+柠条(25 m²)+花棒(25 m²)+胡枝子(100 m²)+白刺(25 m²)+小叶锦鸡儿(50 m²)

毛白杨生长迅速,适应性良好,夏季叶片背面绒毛可以大量吸附空气中的轻稀土污染物,有效减少污染物扩散;每年西北风主要集中在 11 月至翌年 4 月,而此时毛白杨处于休眠期,不能有效阻止轻稀土向东南方向扩散,因此,在冬季缺少常绿乔木,无法防治空气中的轻稀土污染。高度 1~3 m 是人的有效活动空间,此处为落叶灌木群落,选择配植的中层植物致使修复空间中的有效高度严重不足。下层选择吸附轻稀土元素能力强的植物进行土壤污染恢复,所用植物均为外来入侵植物,需要结合当地抗逆性强的乡土植物共同构建稳定性强的植物群落。综上所述建议:①增加油松、云杉等常绿乔木;②增加中层乔灌木,山桃、紫丁香和榆叶梅等;③群落下层增加乡土野生种植物,构建稳定植物群落;④丰富植物群落物种多样性。例如,在植物群落中少量增加碱蓬,紫苜蓿的根系能为土壤提供大量有机物质,改良土壤理化性质;早熟禾抗寒、抗旱性强,适应多种不良土壤,有涵养水源、防止水土流失的作用,见图 3-5。

2. 植物群落的结构

上层植物毛白杨生态位 6 m,占乔木总数的 100%。下层植物梭梭 0.6~1.0 m,柠条 0.3~0.6 m,花棒 0.6~1.0 m,胡枝子 0.4~1.0 m,白刺 0.4~0.8 m,小叶锦鸡儿 0.6~1.0 m,灌木群落生态位为 0.4~1.0 m,分别占下层植物总数的 10%、10%、10%、40%、10% 和 20%,见图 3-6。该植物群落生态位不合理,中层无植物配植;灌草吸附能力强,但植物群落稳定性和物种多样性较差;植物群落修复目标不清晰,植物群落配置单一,无改变土壤理化性质的重点植物;景观效

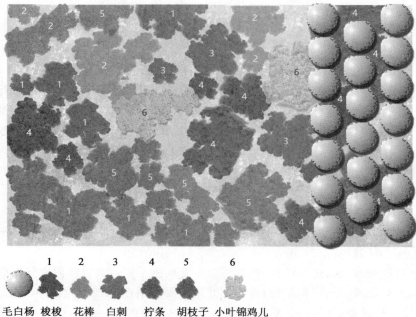

图 3-5　S5 区域植物群落恢复平面示意图

Fig. 3-5　Diagram of plant community restoration in S5 area

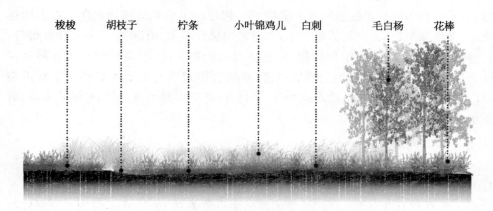

图 3-6　S5 区植物群落恢复竖向示意图

Fig. 3-6　Vertical diagram of plant community restoration in S5 area

果差,植物层次设计、季相变化和季候变化等均无考虑;该区域生态景观重建和土壤环境恢复模式需进行整改:①确定主要目的是表层土壤中轻稀土污染问题;②增加植物群落层次设计,合理利用植物生态位;③增加适应性和抗逆性强的乡土树种,与吸附性强的入侵树种共同栽植,构建稳定的植物群落;④丰富植物多样性,增加有改良土壤理化性质的植物;⑤优化景观设计,使用五层设计(草本层、花卉层、灌木层、小乔木层和大乔木层),增加季相变化和季候变化等。

3. 植物群落的功能

由毛白杨和胡枝子为主的混交配植形式,以吸附为主的灌木,群落共 7 种植物组成;春季无景观效果;夏季单一的毛白杨无林冠线和林缘线的变化,颜色变化单一,灌木混合栽植,层次高低不齐;景观效果表现为植物群落搭配不合理,三季色彩单一。

3.3.2　S4 区植物群落分析

1. 植物群落的组成

该植物群落以厂区绿化模式进行人工生态恢复,植物群落主要选择具有观赏价值的乔木和灌木。S4 区 50 m×20 m 示意图 10 m×25 m。土地类型为沙质土,植物群落以抗寒、抗旱、树干通直的速生树种为主,配植具有观赏价值的山桃、国槐和油松等,少量具有提高土壤肥力的草本植物,加快植物生态效益体现。上层植物选择速生乔木,中层植物选择具有观赏性灌木,下层植物选择提高土壤肥力的草本植物。

主要植物为:

上层:毛白杨(32 棵)+油松(32 棵)+国槐(40 棵)

中层:紫丁香(80 棵)+山桃(32 棵)

下层:紫苜蓿(60 m²)+早熟禾(140 m²)

上层毛白杨和国槐属落叶速生树种,油松属于常绿速生树种。人工栽植初期单位面积覆盖率达到 90%,因土壤环境持续恶化和养护管理不善,6 年后出现少量乔木和部分灌草死亡,覆盖率减少至 70%。植物均为包头城市绿化、厂区绿化常用树种,是包头绿化中抗逆性强的树种,观赏价值较高。其中紫丁香生长快,可去除空气中的 SO_2 和 NO_2,是包头地区绿化常用植物,大量应用于生态恢复建设工程。紫苜蓿搭配早熟禾在短期内迅速提高土壤肥力,加强景观效果和生态效益表现,见图 3-7。

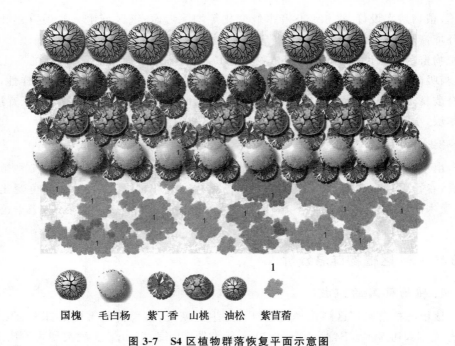

国槐　毛白杨　紫丁香　山桃　油松　紫苜蓿

图 3-7　S4 区植物群落恢复平面示意图

Fig. 3-7　Diagram of plant community restoration in S4 area

2. 植物群落的结构

上层植物毛白杨 4.0 m、油松 2.5 m、国槐 3.5 m、生态位 2.5～4.0 m,分别占乔木总数的 30.77%、30.77% 和 38.46%；中层紫丁香 1.5 m、山桃 2.5 m,生态位 1.5～2.5 m,占中层植物总数的 73.21% 和 26.79%；下层植物紫苜蓿 0.15～0.25 m、早熟禾 0.25～0.60 m,生态位 0.25～0.60 m,分别占下层植物总数的 30% 和 70%,见图 3-8。该植物群落以乔木为主,树种单一导致生态效益较差,木材经济类植物仅有毛白杨一种,观赏经济类植物较多。中层植物仅有紫丁香,经济价值单一,下层植物不作为经济植物,以提高土壤肥力为主。

3. 植物群落的功能

冬季乔木油松常绿；春季山桃花和紫丁香形成良好景观效果；夏季植物出现不同绿色,层次搭配高、低相差较大,植物群落层次缺少中层植物,搭配不合理。季相变化集中在春季,变化单一。

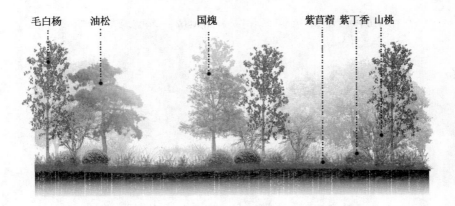

图 3-8　S4 区植物群落恢复竖向示意图

Fig. 3-8　Vertical diagram of plant community restoration in S4 area

3.3.3　S3 区植物群落分析

1. 植物群落的组成

该群落以野生植物为主,灌木覆盖率达到 55%,S3 区 50 m×20 m 示意图 10 m×25 m,东西长,南北宽。该区域立地条件相对较好,土壤为沙质土。上层植物由原农田地留下的家榆和旱柳,中层碱蓬,下层为适应性强的猪毛蒿和紫苜蓿。

主要植物为:

上层:家榆(32 棵)+旱柳(32 棵)

中层:碱蓬(160 m²)

下层:猪毛蒿(15 m²)+紫苜蓿(25 m²)

上层家榆和旱柳树干通直、生长迅速可作为抗逆植物栽植;该区域以碱蓬、紫苜蓿和芦苇为主,景观效果极佳;但乔木种类单一,且冬季无常绿乔木搭配,景观效果差;草本植物种类少、数量少、植物多样性差,景观效果单一,见图 3-9。

2. 植物群落的结构

上层植物家榆 6.0 m、旱柳 3.0 m,生态位 3.0~6.0 m,两者各占乔木总数的 50%;中层碱蓬生态位 0.5 m,占中层植物总数的 100%;下层植物猪毛蒿 25~40 cm、紫苜蓿 10~25 cm,生态位 10~40 cm,分别占下层植物总数的 37.50% 和 62.50%,见图 3-10。该植物群落以灌木为主,高低错落,生态位较低。

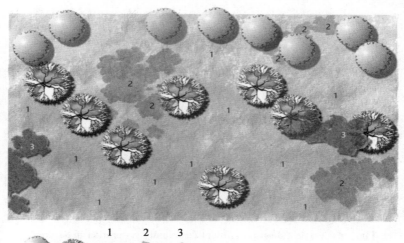

家榆　旱柳　　碱蓬　猪毛蒿 紫苜蓿

图 3-9　S3 区植物群落恢复平面示意图

Fig. 3-9　Diagram of plant community restoration in S3 area

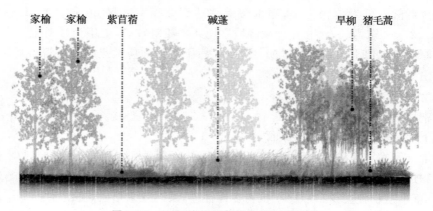

图 3-10　S3 区植物群落恢复竖向示意图

Fig. 3-10　Vertical diagram of plant community restoration in S3 area

3. 植物群落的功能

植物以灌木为主,乔木为原有留下的植物,因此植物群落为自然形成,群落生态位均较低,群落配置不合理。无常绿植物,无开花植物,季相、季候无变化导致景观效果差。

3.3.4　S2 区植物群落分析

1.植物群落的组成

该群落主要以抗寒、抗旱的速生乔木旱柳和油松为主,灌木类植物选择胡枝子,草本类植物选择紫苜蓿、碱蓬和早熟禾。S2 区 50 m×20 m 示意图 10 m×25 m。该区域地势较低,土壤轻稀土污染较重。上层植物选择速生树种;中层选择抗旱吸附轻稀土能力强的灌木;下层选择涵养水源、固土的植物,具体植物为:

上层:旱柳(100 棵)＋油松(80 棵)

中层:胡枝子(20 m²)

下层:紫苜蓿(35 m²)＋碱蓬(25 m²)＋早熟禾(120 m²)

该群落为旱柳、油松和早熟禾混交配植形式,可以充分利用生态位空间和土壤营养面积。上层旱柳和油松分两区列植有助于尾矿库边坡的巩固;中层胡枝子作为仅有的灌木进行土壤中轻稀土污染的吸附治理使用,层次单一,数量稀少;下层以早熟禾为主,与紫苜蓿和碱蓬共同配植,容易产生病虫害和种内竞争,造成植物群落因不稳定而产生大量的土壤裸露,目前除 S1 区外,该区域植被覆盖率最低,植物群落稳定性、多样性最低,土壤大面积裸露致使景观效果差,见图 3-11。

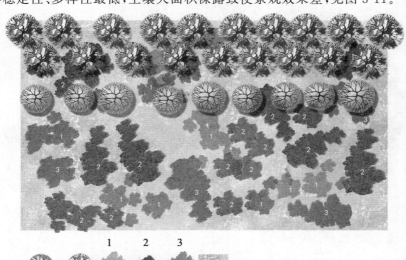

图 3-11　S2 区植物群落恢复平面示意图

Fig. 3-11　Diagram of plant community restoration in S2 area

2.植物群落的结构

上层植物旱柳 3.0 m、油松 4.0 m,生态位 3.0～4.0 m,分别占乔木总数的 55.56％和 44.44％;中层植物胡枝子生态位 0.6 m,占中层植物总数的 100％;下层植物紫苜蓿 0.15～0.30 m、早熟禾 6～25 cm、碱蓬 0.2～0.35 m,生态位 6～35 cm,分别占下层植物总数的 19.44％、13.89％和 66.67％,见图 3-12。该植物群落以乔木为主,植物种类单一;灌木仅有一种,不能形成灌木群落导致灌木数量不断减少,土壤裸露严重;草本植物以涵养水源、固土为主,选择早熟禾搭配紫苜蓿和碱蓬,物种多样性差,种内竞争激烈,生态位不合理,单一早熟禾易产生病虫害,造成大量土壤斑秃致使景观效果差。植物群落配置建议:①明确以防灾、固土为目的;②增加落叶乔木种类和数量,选择抗寒、抗旱和抗逆的深根系速生树种,例如毛白杨、国槐等;③增加灌木层植物的种类和数量以提升植物群落的丰富度,提高植被覆盖率可以有效减少水分蒸发,提高土壤肥力,例如紫丁香、侧柏等;④增加植物多样性,加强种间竞争,减少种内竞争,减少病虫害,有效提高植物存活率和植物群落多样性,例如狗牙根等。

油松　　旱柳　　油松　紫苜蓿　　胡枝子　碱蓬　　油松

图 3-12　S2 区植物群落恢复竖向示意图

Fig. 3-12　Vertical diagram of plant community restoration in S2 area

3.植物群落的功能

冬季常绿乔木油松的景观效果及防风污染效果显著,夏季植物形成了不同绿色的植物群落,但中层植物群落配植的缺失使土壤裸露严重。植物群落层次搭配不合理,尾矿库南侧虽有乔木列植保护边坡,但乔木规格、数量和配植形式对土壤的水土流失未形成有效保护,季相和季候无明显变化导致景观效果差。

3.3.5　S1 区植物群落分析

该植物群落主要是野生植物,多以低矮灌木为主。S1 区 50 m×20 m,区域内土壤轻稀土污染较重,立地条件复杂,植被覆盖率不足 15%。

3.4　不同植物群落恢复效应结果与分析

3.4.1　不同植物群落恢复地土壤物理性质分析

对 5 个采样区域表层土壤分别在 2011 年和 2017 年进行土壤物理性质分析(实验重复 3 次取平均值),见表 3-5。比较植物修复 6 年后研究区土壤生态环境,以期筛选出包头轻稀土尾矿库区修复土壤环境最有效的植物群落。土壤非毛管孔隙度和毛管孔隙度的变化说明增加了疏松程度,土壤含水量的增加说明土壤肥力得到有效的改善,土壤容重降低说明植物缓解了土壤板结的情况。

表 3-5　2017 年尾矿库周边土壤物理性质

Table 3-5　The physical properties of the soil around the tailings pond in 2017

样地 Sampling point	土层厚度 /cm Land thickness	非毛管孔隙度/% Non-capillary porosity	毛管孔隙度/% Capillary porosity	含水量/% Water content	土壤容重 /(g/cm³) Soil bulk density
S5	0～20	2.89±0.68	37.12±2.18	5.67±0.05	1.68±0.07
	20～40	3.81±0.83	35.07±1.99	5.31±0.07	1.74±0.10
	40～60	4.59±0.92	34.23±3.12	5.11±0.06	1.75±0.05
S4	0～20	2.42±0.27	40.36±1.38	6.25±0.06	1.66±0.07
	20～40	3.21±0.81	38.01±2.09	5.09±0.04	1.75±0.07
	40～60	4.20±0.65	34.86±1.76	4.31±0.08	1.76±0.06
S3	0～20	1.71±0.35	36.65±2.64	5.37±0.06	1.62±0.08
	20～40	2.60±0.65	35.08±2.27	4.93±0.04	1.71±0.10
	40～60	3.49±0.53	32.90±2.18	4.68±0.07	1.74±0.08

续表 3-5

样地 Sampling point	土层厚度 /cm Land thickness	非毛管孔 隙度/% Non-capillary porosity	毛管孔 隙度/% Capillary porosity	含水量/% Water content	土壤容重 /(g/cm³) Soil bulk density
S2	0～20	2.13±0.76	38.58±1.69	7.61±0.02	1.75±0.04
	20～40	3.82±0.97	37.48±1.37	7.04±0.05	1.76±0.04
	40～60	4.06±0.78	35.86±1.47	6.70±0.03	1.78±0.06
S1	0～20	2.54±0.96	37.39±3.01	6.73±0.05	1.71±0.09
	20～40	3.95±0.78	35.28±2.82	6.20±0.07	1.78±0.07
	40～60	4.19±0.88	34.96±2.94	5.76±0.05	1.81±0.11

注:表中的数字为平均值±标准差。

不同植物群落恢复区土壤物理性质经过 6 年后,各区土壤非毛管孔隙度 S5>
S1>S2>S4>S3,S5 区最高,土层厚度 0～20 cm 层<20～40 cm 层<40～60 cm
层,依次为 2.89%、3.81%和 4.59%;S3 区最低,土层厚度 0～20 cm 层<20～
40 cm 层<40～60 cm 层,依次为 1.71%、2.60%和 3.49%。各区土壤毛管孔隙
度 S4>S2>S1>S5>S3,S4 区最高,土层厚度 0～20 cm 层>20～40 cm 层>
40～60 cm 层,依次为 40.36%、38.01%和 34.86%;S3 区最低,土层厚度 0～
20 cm 层>20～40 cm 层>40～60 cm 层,依次为 36.65%、35.08%和 32.90%。
各区土壤含水量 S2>S1>S5>S4>S3,S2 区土壤含水量最高,土层厚度 0～
20 cm 层>20～40 cm 层>40～60 cm 层,依次为 7.61%、7.04%和 6.70%;S3 区
最低,土层厚度 0～20 cm 层>20～40 cm 层>40～60 cm 层,依次为 5.37%、
4.93%和 4.68%。各区土壤容重 S1>S2>S4=S5>S3,S1 区最高,土层厚度 0～
20 cm 层<20～40 cm 层<40～60 cm 层,依次为 1.71 g/cm³、1.78 g/cm³ 和
1.81 g/cm³;S3 区最低,土层厚度 0～20 cm 层<20～40 cm 层<40～60 cm 层,依
次为 1.62 g/cm³、1.71 g/cm³ 和 1.74 g/cm³。5 个采样区土壤条件相差较大,因
此,分析 2011 年与 2017 年土壤物理性质的差异可以体现植物群落对轻稀土尾矿
库周边土壤修复的效果,见图 3-13(注:空白为 2011 年的实测数值,差异值为 2011
年和 2017 年对比差异值)。

不同植物群落恢复区域 2017 年比 2011 年土壤非毛管孔隙度均有不同程度的

改善。S4 区、S3 区域均匀变化表明受到外界影响较小。S5 区、S2 区域变化值差异较大,表明受到外界影响较大;S5 区植物群落搭配以灌木为主,表层 0～20 cm 比土壤下层改善效果明显;S1 区域植物覆盖率不足 20%,土壤非毛管孔隙度无明显改善,见图 3-13(1)。

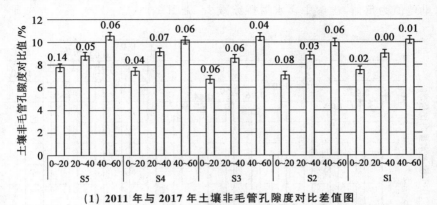

(1) 2011 年与 2017 年土壤非毛管孔隙度对比差值图

不同植物群落恢复区域 2017 年比 2011 年土壤毛管孔隙度均有不同程度改善。S2 区域差值最大,土层厚度 0～20 cm,20～40 cm 和 40～60 cm 分别为 −1.53、−1.85 和 −2.48,植物群落乔灌草搭配最为合理。S1 区域差值变化最小,植物种类、数量较少,土壤大面积裸露,植物群落生态位搭配不合理,导致土壤毛管孔隙度持续变差,见图 3-13(2)。

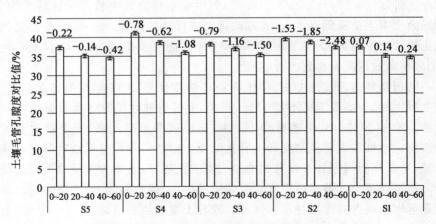

(2) 2011 年与 2017 年土壤毛管孔隙度对比差值图

　　不同植物群落恢复区域 2017 年比 2011 年土壤含水量均有不同程度增加。S5 区域差值最大,土层厚度 0～20 cm,20～40 cm 和 40～60 cm 分别为 0.42、0.49 和 1.02,植物群落覆盖率最高,土壤含水量增加最高。S1 区域差值变化最小,植物群落覆盖率低,土地大面积裸露,导致土壤含水量差值最小。无有效植物覆盖,土壤含水量差值为负值,土壤中含水量持续减少,见图 3-13(3)。

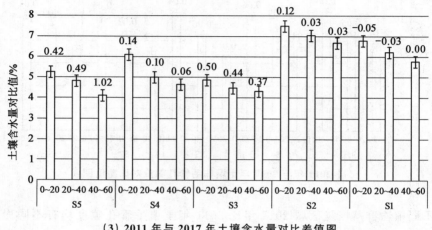

(3) 2011 年与 2017 年土壤含水量对比差值图

　　不同植物群落恢复区域 2017 年比 2011 年土壤容重均有降低,不同程度减少土壤板结的情况。S3 区域差值最大,土层厚度 0～20 cm,20～40 cm 和 40～60 cm 分别为 -0.07,-0.06 和 -0.08,野生灌木植物种类较其他区域更为丰富,可能导致土壤容重降低最多,可有效改善土壤板结的情况。S1 区域差值变化最小且为正值变化说明 S1 区植物种类单一,土地大面积裸露,因此土壤容重差值为正值,土壤板结的情况未得到改善,见图 3-13(4)。

　　不同植物群落恢复地 2017 年土壤物理性质比照 2011 年均有改善。S1 区植物均为野生种,土壤覆盖率不足 15%,因此,土壤物理性质的各项数据指标均未得到改善。S3 区虽然以野生植物群落为主,但植被覆盖率较高,土壤物理性质得到部分改变。土壤非毛管孔隙度和毛管孔隙度比对差值分析显示植物群落乔灌草搭配合理,生态位利用充分可以有效增加土壤疏松程度;土壤含水量比对差值分析显示提高植物群落的覆盖率可以有效改善土壤保水、保肥的能力;土壤容重比对差值分析显示增加植物群落物种多样性可以改善土壤板结的情况。

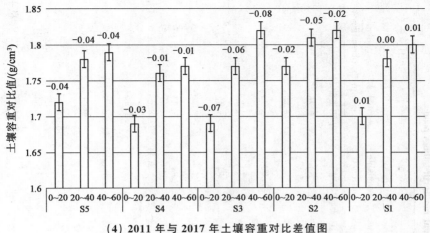

（4）2011 年与 2017 年土壤容重对比差值图

图 3-13　2011 年与 2017 年土壤物理性质对比差值

Fig. 3-13　Difference of soil physical properties between 2011 and 2017

3.4.2　不同植物群落恢复地土壤化学性质分析

不同植物群落恢复地土壤的各项化学性质呈现不同程度的改善（实验重复 3 次取平均值），比对 2011 年实测数值，比对值越大表明改善效果越好，5 个采样区比对值由高到低分别是 S5＞S4＞S2＞S3＞S1。5 个采样区 2017 年土壤化学性质实测值由高到低分别是 S2＞S1＞S5＞S4＞S3，见表 3-6。

土壤 pH 影响土壤有机质的分解和微生物活动，比对值显示不同植物群落修复土壤 pH 均高于修复前。5 个采样区土壤呈碱性且不同研究地块差异较大。比值最大区域是 S2 区，土层厚度 0～20 cm 层＜20～40 cm 层＜40～60 cm 层，分别是 -0.17、-0.12 和 -0.11；比值最小区域是 S3 区，土层厚度 0～20 cm 层＞20～40 cm 层＜40～60 cm 层，分别是 -0.03、-0.02 和 -0.03。

土壤有机质含量的高低是衡量土壤养分、保水保肥、透水性、蓄水性和通气性能力的重要指标之一。比对值显示不同植物群落修复土壤有机质含量值均高于修复前，说明植物落叶进入地表分解呈有机质，根际微生物增加促进有机质的增多。比值最大区域是 S2 区，土层厚度 0～20 cm 层＞20～40 cm 层＞40～60 cm 层，分别是 0.24、0.15 和 0.08；比值最小区域是 S3 区，土层厚度 0～20 cm 层＞20～40 cm 层＞40～60 cm 层，分别是 0.07、0.05 和 0.03。

表 3-6　轻稀土尾矿库周边土壤化学性质差异

Table 3-6　The different chemical properties of the soil around the light rare earth tailings pond

样地 Area	土层厚度 /cm Land thickness	pH	有机质/% Organic matter	全氮/ (g/kg) Nitrogen	全钾/ (g/kg) Potassium	全磷/(g/kg) Phosphorus	速效氮/ (mg/kg) Available nitrogen	速效钾/ (mg/kg) Available potassium	有效磷/ (mg/kg) Available phosphorus
S5	0~20	8.67±0.58	2.09±0.02	0.25±0.02	14.04±1.04	0.44±0.01	43.92±0.81	78.53±6.74	5.89±0.06
	比对值	−0.15	0.14	0.05	1.57	0.03	2.54	5.25	1.63
	20~40	8.54±0.49	1.95±0.02	0.22±0.02	11.03±1.01	0.38±0.03	36.74±0.42	67.74±5.35	4.08±0.05
	比对值	−0.04	0.13	0.04	0.81	0.01	1.02	4.93	0.56
	40~60	8.05±0.53	1.79±0.01	0.19±0.01	9.47±1.78	0.33±0.03	26.92±0.37	51.91±4.66	3.47±0.05
	比对值	−0.10	0.04	0.02	0.46	0.01	0.81	3.42	0.37
S4	0~20	8.51±0.84	2.43±0.03	0.34±0.02	15.73±1.73	0.49±0.02	28.42±2.63	65.58±7.27	5.30±0.06
	比对值	−0.16	0.19	0.03	1.57	0.03	1.77	5.31	0.97
	20~40	8.36±0.77	2.21±0.02	0.32±0.03	12.69±1.18	0.42±0.02	22.91±2.41	59.88±4.93	4.24±0.04
	比对值	−0.12	0.17	0.03	0.70	0.01	0.96	4.90	0.52
	40~60	8.18±0.68	1.83±0.01	0.27±0.02	10.42±0.99	0.37±0.03	13.78±1.36	41.62±3.01	3.61±0.02
	比对值	−0.08	0.05	0.02	0.34	0.01	0.65	2.61	0.30
S3	0~20	8.65±0.29	1.93±0.02	0.25±0.01	14.37±1.84	0.44±0.03	11.20±1.73	58.71±4.99	4.31±0.05
	比对值	−0.03	0.07	0.02	0.76	0.01	0.31	1.84	0.21
	20~40	8.41±0.43	1.84±0.01	0.24±0.01	12.15±1.79	0.38±0.02	9.62±1.52	53.16±6.71	3.42±0.03
	比对值	−0.02	0.05	0.02	0.65	0.01	0.29	0.97	0.10

续表 3-6

样地 Area	土层厚度 /cm Land thickness	pH	有机质/% Organic matter	全氮/ (g/kg) Nitrogen	全钾/ (g/kg) Potassium	全磷/(g/kg) Phosphorus	速效氮/ (mg/kg) Available nitrogen	速效钾/ (mg/kg) Available potassium	有效磷/ (mg/kg) Available phosphorus
	40~60	8.24±0.38	1.73±0.02	0.21±0.02	10.53±1.93	0.34±0.03	5.77±0.27	40.05±3.98	3.11±0.03
	比对值	−0.03	0.03	0.01	0.54	0.01	0.24	0.06	0.06
S2	0~20	8.90±0.36	2.18±0.03	0.33±0.02	16.18±1.21	0.51±0.04	47.22±6.63	98.89±6.96	5.04±0.06
	比对值	−0.17	0.24	0.07	2.59	0.06	0.81	3.82	0.53
	20~40	8.72±0.47	2.01±0.03	0.28±0.01	12.79±1.15	0.44±0.02	39.64±4.56	88.34±7.27	4.31±0.05
	比对值	−0.12	0.15	0.04	1.88	0.04	0.54	3.09	0.33
	40~60	8.60±0.73	1.87±0.02	0.25±0.02	10.35±1.17	0.38±0.02	28.95±3.45	62.51±4.61	3.66±0.03
	比对值	−0.11	0.08	0.03	1.33	0.02	0.48	2.08	0.24
S1	0~20	8.68±0.77	1.84±0.01	0.28±0.03	12.45±1.63	0.44±0.03	41.20±3.35	87.15±7.70	4.35±0.03
	比对值	0.02	−0.02	0.00	−0.01	0.00	−0.01	−0.01	−0.01
	20~40	8.52±0.63	1.79±0.01	0.24±0.02	10.01±1.29	0.38±0.02	36.30±3.66	81.24±9.57	3.39±0.03
	比对值	0.01	0.00	−0.01	−0.03	−0.01	−0.02	−0.03	0.00
	40~60	8.41±0.38	1.67±0.01	0.22±0.01	9.22±0.44	0.35±0.03	25.79±2.35	56.23±6.46	3.07±0.01
	比对值	0.00	−0.01	0.00	−0.01	0.00	0.00	0.00	0.00

注：表中的数字为平均值±标准差。

土壤全氮、全钾和全磷含量反映土壤总体养分水平高低。土壤中全氮含量为植物提供生长所需的营养物质；土壤中全磷含量为植物提供新陈代谢及生长发育所需的营养；土壤中全钾来源于土壤矿物质，因此比对值变化较小。5 个采样区域经过 6 年使用不同植物群落对土壤全氮、全钾和全磷含量的影响均优于修复前，三者变化规律与土壤有机质含量相同。土壤全氮比值最大区域是 S2 区，土层厚度 0～20 cm 层＞20～40 cm 层＞40～60 cm 层，分别是 0.07、0.04 和 0.03；比值最小区域是 S3 区，土层厚度 0～20 cm 层＝20～40 cm 层＞40～60 cm 层，分别是 0.02、0.02 和 0.01。土壤全钾比值最大区域是 S2 区，土层厚度 0～20 cm 层＞20～40 cm 层＞40～60 cm 层，分别是 2.59、1.88 和 1.33；比值最小区域是 S3 区，土层厚度 0～20 cm 层＞20～40 cm 层＞40～60 cm 层，分别是 0.76、0.65 和 0.54。土壤全磷比值最大区域是 S2 区，土层厚度 0～20 cm 层＞20～40 cm 层＞40～60 cm 层，分别是 0.06、0.04 和 0.02；比值最小区域是 S3 区，土层厚度 0～20 cm 层＝20～40 cm 层＝40～60 cm 层，分别是 0.01、0.01 和 0.01。

土壤速效氮、速效钾和有效磷含量在不同植物群落恢复土壤后均优于恢复前。三者与全氮、全钾和全磷含量的变化规律不同。土壤速效氮比值最大区域是 S5 区，土层厚度 0～20 cm 层＞20～40 cm 层＞40～60 cm 层，分别是 2.54、1.02 和 0.81；比值最小区域是 S3 区，土层厚度 0～20 cm 层＞20～40 cm 层＞40～60 cm 层，分别是 0.31、0.29 和 0.24。土壤速效钾比值最大区域是 S5 区，土层厚度 0～20 cm 层＞20～40 cm 层＞40～60 cm 层，分别是 5.25、4.93 和 3.42；比值最小区域是 S3 区，土层厚度 0～20 cm 层＞20～40 cm 层＞40～60 cm 层，分别是 1.84、0.97 和 0.06。土壤有效磷比值最大区域是 S5 区，土层厚度 0～20 cm 层＞20～40 cm 层＞40～60 cm 层，分别是 1.63、0.56 和 0.37；比值最小区域是 S3 区，土层厚度 0～20 cm 层＞20～40 cm 层＞40～60 cm 层，分别是 0.21、0.10 和 0.06。

土壤化学性质得到改善说明植物群落在自然生长周期内与土壤进行了物质交换。S2 区人工修复植物种类较多，因缺少养护管理导致部分植物死亡。该地块地势较低，土壤环境相对较好，野生植物较多，经过 6 年的自然选择过程，形成了以入侵植物和野生植物共生的植物群落，生态位搭配合理，土壤 pH、有机质、全氮、全钾和全磷的含量优于其他研究地块。植物群落覆盖率最高，全部为落叶植物，以灌木为主，短期之内植物与土壤交换物质和能量最多。因此，土壤速效氮、速效钾和有效磷的含量优于其他研究地块。

3.4.3　土壤肥力评价

根据全国 2016 年公布的土壤养分分级标准,见表 3-7,对应包头轻稀土尾矿库周边 5 个研究区的土壤环境,结果显示见表 3-8。包头轻稀土尾矿库周边土壤通过 6 年植物群落恢复,土壤养分依然匮乏,后期优化设计中应注意增加涵养水源、固氮和增加土壤养分的植物。

表 3-7　2016 年中国土壤养分普查分级标准

Table 3-7　2016 China soil nutrient classification standard

等级 Grade	有机质 /% Organic matter	全氮 /(g/kg) Nitrogen	全钾 /(g/kg) Potassium	全磷 /(g/kg) Phosphorus	速效氮 /(mg/kg) Available nitrogen	速效钾 /(mg/kg) Available potassium	有效磷 /(mg/kg) Available phosphorus
一级	>40	>2	>25	>1	>150	>200	>40
二级	30~40	1.5~2.0	20~25	0.8~1.0	120~150	150~200	20~40
三级	20~30	1.0~1.5	15~20	0.6~0.8	90~120	100~150	10~20
四级	10~20	0.75~1.0	10~15	0.4~0.6	60~90	50~100	5~10
五级	6~10	0.5~0.75	5~10	0.2~0.4	30~60	30~50	3~5
六级	<6	<0.5	<5	<0.2	<30	<30	<3

表 3-8　包头轻稀土尾矿库土壤养分分级表

Table 3-8　Soil nutrient classification table of baotou light rare earth tailings pond

样地 Area	土层厚度 /cm Land thickness	有机质 /% Organic matter	全氮 /(g/kg) Nitrogen	全钾 /(g/kg) Potassium	全磷 /(g/kg) Phosphorus	速效氮 /(mg/kg) Available nitrogen	速效钾 /(mg/kg) Available potassium	有效磷 /(mg/kg) Available phosphorus
S5	0~20	6	6	4	4	5	4	4
	20~40	6	6	4	5	5	4	5
	40~60	6	6	4	5	5	4	5
S4	0~20	6	6	3	4	6	4	4
	20~40	6	6	4	4	6	4	5
	40~60	6	6	4	4	6	4	5

续表 3-8

样地 Area	土层厚度 /cm Land thickness	有机质 /% Organic matter	全氮 /(g/kg) Nitrogen	全钾 /(g/kg) Potassium	全磷 /(g/kg) Phosphorus	速效氮 /(mg/kg) Available nitrogen	速效钾 /(mg/kg) Available potassium	有效磷 /(mg/kg) Available phosphorus
S3	0~20	6	6	4	4	6	4	5
	20~40	6	6	4	5	6	4	5
	40~60	6	6	4	5	6	4	5
S2	0~20	6	6	3	3	5	4	4
	20~40	6	6	4	4	5	4	5
	40~60	6	6	4	3	5	4	5
S1	0~20	6	6	4	4	5	4	5
	20~40	6	6	4	3	5	4	5
	40~60	6	6	5	3	6	4	5

  土壤理化指标繁多,各指标之间存在信息重叠,而单一指标在反映土壤肥力上存在较大片面性,因而引入土壤肥力指数作为土壤肥力评价的指标。土壤肥力指数(soil fertility index,SFI)能客观、全面地解释不同植被恢复模式土壤肥力的差异,对土壤各评价指标经规范化后进行主成分分析,然后根据主成分因子负荷量值的正负性确定各土壤属性隶属函数分布的升降性,以及因子负荷量的大小确定各土壤属性在土壤质量中的权重。升、降型分布函数的计算公式分别为:

$$Q(X_i) = \frac{(X_{i\max} - X_{ij})}{(X_{i\max} - X_{i\min})} \qquad Q(X_i) = \frac{(X_{ij} - X_{i\min})}{(X_{i\max} - X_{i\min})}$$

  土壤质量属性权重计算公式为:

$$W_i = \frac{C_i}{\sum C_i}$$

  土壤质量指数计算公式为:

$$SFI = \sum_{j}^{m} K_j \left[\sum_{i=1}^{n} W_i \times Q(X_i) \right]$$

  上述各公式中,$Q(X_i)$ 为土壤质量隶属度值,X_{ij} 为各土壤属性值,i 为植被恢复模式,j 为土壤理化指标,$X_{i\,\min}$ 和 $X_{i\,\max}$ 分别为 i 项属性的最小值和最大值,W_i 为土壤质量属性的权重,C_i 为第 i 个土壤质量属性的公因子方差,n 为评价指标的个数,m 为所选主成分的个数,K_j 为第 j 个主成分的方差贡献率。

土壤理化性质各指标权重值分配较为平均,见表 3-9,说明采用综合评价法是比较轻稀土尾矿库植被恢复后土壤肥力的有效途径。表 3-10 表明,不同植物群落恢复地土壤肥力指数大小各采样区依次为:S4>S1>S2>S3>S5。

表 3-9 土壤肥力评价指标权重值

Table 3-9 Weight of indicators for assessment of soil fertility

指标 Index	权重 Weight	指标 Index	权重 Weight
非毛管孔隙度 Non-capillary porosity	0.076	全氮 Nitrogen	0.085
毛管孔隙度 Capillary porosity	0.078	全钾 Potassium	0.084
含水量 Water content	0.091	全磷 Phosphorus	0.083
容重 Soil bulk density	0.091	速效氮 Available nitrogen	0.081
pH	0.085	速效钾 Available potassium	0.079
有机质 Organic matter	0.088	有效磷 Available phosphorus	0.079

表 3-10 不同植物群落恢复地土壤肥力指数

Table 3-10 Soil fertility index in different plant communities

不同植物群落恢复地 Land of different plant communities	S4	S1	S2	S3	S5
土壤肥力指数 Soil fertility index	0.423	0.402	0.385	0.357	0.081

3.4.4 不同植物群落恢复地土壤轻稀土含量分析

不同植物群落恢复地土壤的轻稀土元素含量呈现不同程度改善(采样 15 份,平均分成 3 份,实验重复 3 次取平均值),比对 2011 年实测数值,比对值越大表明改善效果越好,各采样区比对值由大到小依次为 S1>S3>S2>S4>S5。5 个采样区 2017 年土壤轻稀土元素含量实测值由大到小分别是 S5>S1>S4>S2>S3,见表 3-11。

表 3-11　不同植物群落恢复地土壤轻稀土指数

Table 3-11　Light rare earth index of different revegetation areas

mg/kg

样地 Area	土层/cm Thickness	La	Ce	Pr	Nd	Sm	Pm	Eu
S5	0~20	4731.29±385.31	7246.36±692.30	2338.64±194.37	3148.17±247.61	280.55±15.93	64.21±8.36	88.32±4.92
	比对值	−106.76	−148.08	−44.64	−88.77	−6.69	−1.61	−1.72
	20~40	4299.48±324.83	6572.77±736.49	2129.53±201.48	2876.18±193.72	254.63±19.87	57.54±5.33	80.01±7.61
	比对值	−135.40	−205.46	−55.15	−91.02	−8.68	−2.80	−2.52
	40~60	3029.11±235.19	4647.27±294.04	1507.89±120.75	2016.67±188.39	180.04±13.55	40.51±4.93	56.53±6.27
	比对值	−155.94	−220.73	−61.12	−114.32	−9.06	−2.82	−2.74
S4	0~20	381.57±29.44	766.26±53.06	117.28±10.38	170.62±13.74	12.14±1.02	5.39±0.47	8.64±0.22
	比对值	−13.72	−23.91	−4.29	−6.63	−0.35	−0.15	−0.15
	20~40	338.23±42.05	570.19±50.48	105.87±9.49	146.43±10.33	10.98±1.36	4.90±0.24	4.91±0.14
	比对值	−24.12	−45.80	−5.57	−7.71	−0.37	−0.12	−0.26
	40~60	206.37±100.34	425.83±48.59	65.08±4.78	148.26±15.37	6.94±0.73	3.67±0.86	2.84±0.10
	比对值	−24.22	−53.44	−5.84	−13.47	−0.35	−0.15	−0.37
S3	0~20	196.73±18.36	385.11±29.25	98.56±10.23	151.61±12.04	11.92±1.06	3.92±0.21	6.31±0.34
	比对值	−20.72	−63.91	−8.75	−6.85	−2.89	−0.66	−0.63
	20~40	185.45±15.03	401.02±36.45	89.91±8.32	142.54±11.45	11.26±1.83	4.31±0.38	4.98±0.42
	比对值	−13.88	−10.75	−8.79	−2.80	−2.06	−0.22	−0.63
	40~60	136.07±9.35	286.87±29.01	66.27±4.99	101.74±8.29	8.35±0.29	3.51±0.11	4.39±0.13
	比对值	−5.67	−4.30	−3.68	−1.81	−1.03	−0.06	−0.17

续表 3-11

样地 Area	土层/cm Thickness	La	Ce	Pr	Nd	Sm	Pm	Eu
S2	0~20	317.28±33.51	653.01±74.29	109.34±9.10	139.03±11.42	12.42±1.02	2.73±0.01	4.55±0.31
	比对值	−10.28	−22.75	−6.15	−3.27	−1.36	−0.33	−0.59
	20~40	239.43±22.57	278.49±19.94	84.71±5.03	125.35±12.31	10.95±7.29	2.58±0.15	4.51±0.46
	比对值	−19.16	−40.95	−9.15	−5.01	−1.52	−0.33	−0.60
	40~60	100.81±9.92	228.21±31.03	54.45±4.09	81.66±6.25	7.21±0.21	2.02±0.02	3.11±0.31
	比对值	−26.41	−44.14	−9.23	−7.41	−1.65	−0.39	−0.85
S1	0~20	526.12±82.43	880.50±6.82	144.75±11.31	234.39±20.74	18.17±6.29	6.98±0.41	8.06±0.72
	比对值	109.97	35.79	20.63	21.30	2.29	0.85	0.93
	20~40	348.02±33.01	787.31±60.24	121.47±10.36	207.05±21.63	17.35±13.05	6.15±0.87	7.95±0.42
	比对值	26.46	33.70	13.65	11.83	1.44	0.26	0.87
	40~60	160.92±14.77	327.79±32.58	89.49±8.92	139.59±10.76	11.17±1.00	3.97±0.38	5.34±0.21
	比对值	4.50	7.03	14.22	9.55	0.86	0.44	0.27

注：表中的数字为平均值±标准差。

土壤中镧、铈元素是轻稀土的主要参考值,比对值显示除 S1 区外修复土壤镧、铈元素含量均小于修复前。5 个采样区差异较大,镧元素比值差异最大区域是 S5 区,土层厚度 0～20 cm 层＞20～40 cm 层＞40～60 cm 层,分别是－106.76、－135.40 和－155.94;比值最小区域是 S1 区,土层厚度 0～20 cm 层＞20～40 cm 层＞40～60 cm 层,分别是 109.97、26.46 和 4.5;铈元素比值差异最大区域是 S5 区,土层厚度 0～20 cm 层＞20～40 cm 层＞40～60 cm 层,分别是－148.08、－205.46 和－220.73;比值最小区域是 S1 区,土层厚度 0～20 cm 层＞20～40 cm 层＞40～60 cm 层,分别是 35.79、33.70 和 7.03。S5 区～S2 区比对值为负值说明土壤中轻稀土元素均有不同程度减少,相反,S1 区比对值为正值说明轻稀土污染持续增加。S5 区、S4 区和 S2 区表层土壤中轻稀土污染通过 6 年的植物群落修复,修复效果为土层厚度 0～20 cm 层＜20～40 cm 层＜40～60 cm 层,植物修复将土壤中轻稀土元素通过根系转移到茎叶中,因此深层土壤修复效果优于表层土壤,相反,S3 区轻稀土减少量是地下低于地表,说明该区域植物种类单一,植物群落地下生态位搭配不合理。

土壤中轻稀土修复效果与植物群落覆盖率成正比,S5＞S4＞S2＞S3＞S1,但是恢复比对值又与植物选择相关,依据第 3 章研究结果可知,S5 区采用了轻稀土富集植物(胡枝子)和轻稀土耐受性植物(梭梭、白刺等)进行人工植物群落修复,保证植物成活率高且增加了轻稀土修复转移量,在修复土壤轻稀土污染中可借鉴 S5 区灌木栽植的模式。

3.5　小结

大量研究表明:稀土尾矿区植被恢复后土壤可得到一定改良。土壤理化性质达到天然阔叶林标准是植物群落恢复的目标。本研究发现:包头轻稀土尾矿周边 5 个采样区不同植物群落恢复后土壤理化性质和养分得到不同程度的改善,但不同植物群落恢复土壤肥力存在一定差异,分析结果显示不同植物种类配植形成的群落会导致修复差异,孟凡超等研究也发现类似规律。5 个采样区存在不同程度的土壤板结、水土流失、碱化和轻稀土严重污染等问题,植物群落恢复后各采样区土壤含水量得到改善,土壤碱化得到缓解,轻稀土污染含量得到一定控制,在植物群落优化方面应增加植物落叶量,促进植物生长,归还到土壤中来增加土壤肥力。

(1)在土壤物理性质方面,研究认为土壤良性结构表现为:非毛管孔隙度约为 50%,而非毛管孔隙度与毛管孔隙度比值为 0.25～0.50。本研究发现包头轻稀土尾矿库采用不同植物群落恢复土壤后,5 个采样区均未达到土壤良性结构,S5 区恢复后土壤非毛管孔隙度与毛管孔隙度比值最高分别是 0.21、0.25 和 0.30,土壤结构仍需要改善。其他研究结果表明,土壤容重在 1.25～1.35 g/cm³ 范围内土壤结构良好,土壤容重超过 1.40 g/cm³ 植物根系伸展将受到阻力限制。包头轻稀土尾矿库 5 个采样区在不同植物群落恢复土壤后,土壤容重介于 1.62～1.81 g/cm³,没有达到良性结构标准的修复地。各区差异可能是 S5 区人工植被恢复年限较短(6 年)所致,此外,需要进行合理的植物群落配置使土壤结构恢复至良性标准。经统计分析表明 S4 区植物群落恢复土壤效果明显,植物种类丰富,乔、灌、草生态位搭配合理,植物根系横向和纵向的延伸有效改善土壤非毛管孔隙度和毛管孔隙度以及土壤容重。S5 区植物群落覆盖率最高,有效增加土壤含水量。5 个采样区土壤物理性质均有不同程度改善且均高于恢复前,但因植物群落配置方式不同导致修复效果差异显著。因此,在土壤物理性质改良方面应注意植物群落的多样性和生态位因素。包头轻稀土尾矿库周边应选择抗寒、抗旱的乡土树种,常绿植物搭配落叶植物,乔木搭配灌、草共同组成稳定性高的植物群落。研究发现:该区域可以筛选出常绿乔木油松、落叶乔木毛白杨、小乔木山桃、灌草小叶锦鸡儿、紫苜蓿等作为植物群落的主要植物进行配植,有效改善土壤板结等物理性质。

(2)在化学性质方面,有研究表明植物群落恢复黄土丘陵区,刺槐林恢复土壤 10 年内、10～15 年、20～40 年土壤 pH 呈上升、下降、再上升的趋势。本研究发现,不同植物群落恢复土壤理化性质得到不同程度的改善,结果显示土壤经过 6 年植被恢复,不同植物群落恢复 5 个采样区后,土壤 pH 均下降,但依然属于碱性土壤,仍需进一步改善。经统计分析表明,S4 区植物群落恢复土壤效果最明显,改善土壤 pH 有助于减轻土壤碱性,促进有机质分解和微生物活动;改善有机质可以提高土壤养分水平,增加土壤中全氮、全钾、全磷、速效氮、速效钾和有效磷为植物提供生长发育和新陈代谢的生命周期所需要的营养物质。通过增加植物叶片进入地表分解或根限微生物等途径促进营养物质的生成。S4 区在合理利用生态位进行植物群落配植,群落根际形成稳定的微生物层,建立土壤与植物的营养物质良性循环通道,改善土壤化学性质。研究结果显示,5 个采样区在不同植物群落恢复下均有不同程度的改善且均优于恢复前,但土壤营养元素依然严重匮乏,氮、钾和磷元素均处于较低水平。因此,在优化植物群落方面应选择国槐、紫苜蓿等豆科植物可利用与其共生的根瘤菌固氮,选择樟子松、柠条等增加覆盖率,涵养水源。

(3)土壤肥力评价,是应用土壤化学性质指标进行客观、全面地解释不同植物群落模式土壤肥力的差异,将各指标进行权重计算,在计算不同植物群落恢复地土壤肥力指数。结果说明,群落的植物多样性＞植物数量＞群落覆盖率＞群落结构＞裸地。因此,在包头尾矿库区域修复土壤肥力要选择更为丰富的乡土抗逆植物进行长期稳定的植物群落配植。

(4)土壤轻稀土污染方面,本研究发现轻稀土修复过程中,灌木优于乔木。S5区域以灌木为主,修复量远高于其他区域,镧、铈、镨、钕、钐、钷和铕在不同土层修复量分别为,土层厚度 $0\sim20$ cm 层 -106.76、-148.08、-44.64、-88.77、-6.69、-1.61 和 -1.72,$20\sim40$ cm 层 -135.40、-205.46、-55.15、-91.02、-8.68、-2.80 和 -2.52,$40\sim60$ cm 层 -155.94、-220.73、-61.12、-114.32、-9.06、-2.82 和 -2.74。修复量底层最高,因为植物通过根系将土壤中的轻稀土元素运输到植物体内。有研究表明,轻稀土在土壤 60 cm 以下迁移较小,分布呈倍数减少,在植物群落修复土壤中应选择灌木。乔木主要是减少空气中轻稀土扩散,因此,应选择轻稀土吸收转移能力强的植物和轻稀土耐受性植物,与豆科的紫苜蓿等综合配植组成稳定的植物群落。

综上所述,包头轻稀土尾矿库区域不同植物群落恢复后土壤质量得到一定改善,土壤轻稀土污染得到控制,但是 5 个采样区的不同植物群落恢复土壤质量存在显著差异,其中"油松＋毛白杨＋胡枝子＋紫苜蓿＋梭梭＋小叶锦鸡儿"是土壤轻稀土污染修复的有效配置模式;"国槐＋毛白杨＋油松＋紫丁香＋山桃＋紫苜蓿＋早熟禾"模式对土壤肥力的改良效果较好。

第4章　轻稀土镧和铈元素富集植物筛选

　　轻稀土因萃取难度大,在开发过程中产生大量以 La、Ce 稀土元素为主的废渣,常年堆积使得稀土元素进入土壤、地下水及植物中,稀土污染导致多种环境问题,严重威胁着人类健康和生态安全。目前,稀土尾矿库区域环境污染严重,土壤和植被的稀土污染问题已引起国内外学者的广泛关注。土壤中稀土污染修复主要分为化学、物理和生物 3 种方法,生物修复又包括微生物修复、植物修复等方法。植物修复具有生态友好、经济投入低、后期污染易于管理等特点;植物群落形成后具有涵养水源、减少水土流失的作用,可大面积应用于尾矿库、矿山和荒山等立地条件较差的区域进行景观恢复。植物群落恢复技术的关键是筛选污染物耐受植物或富集植物。耐受植物是指克服污染物胁迫而长期存活的植物,最终达到植物与污染物长期平衡的状态;富集植物是将土壤中污染物通过根的富集作用转移到植物地上器官,减少土壤中污染物含量。目前,重金属富集植物的筛选研究较为广泛,例如富集植物筛选研究发现马唐草(*Digitaria sanguinalis*)和望江南(*Cassia occidentalis*)是重金属 Mn 和 Zn 的超富集植物;油葵(*Helianthus annuus* Linn.)和棉花(*Gossypium* spp.)可作为重金属 Cd 的富集植物进行应用,而 La、Ce 稀土元素富集植物筛选鲜有研究,仅发现沙蒿(*Artemisia desertorum* Spreng. Syst. Veg.)、沙打旺(*Astragalus adsurgens* Pall.)、沙蓬(*Agriophyllum squarrosum*(L.)Moq.)、青蒿(*Artemisia carvifolia* Buch.-Ham. ex Roxb. Hort. Beng)、小叶杨(*Populus simonii* Carr)、猪毛菜(*Salsolacollina* Pall.)的植物体内稀土含量较高,可作为稀土耐受植物进行使用;柔毛山核桃(*Carya tomentosa*)、山核桃(*Carya cathayensis*)、乌毛蕨(*Blechnum orientale*)和芒萁(*Dicranopteris dichotoma*)这些植物体内稀土元素含量超过其他植物 10倍,可作为稀土耐受植物使用。截至目前,La、Ce 轻稀土元素富集植物的发现仍未有报道,因此筛选 La、Ce 轻稀土元素富集植物对土壤中轻稀土污染的修复具有重要意义。

　　包头轻稀土尾矿库是国内最大的平地型围坝尾矿库。2011 年以前尾矿库内无防渗漏和防扬尘的设施,堆积物包括矿石冶炼产生的废渣以及未经利用的 La、Ce 轻稀土元素。2011 年青岛冠中生态股份有限公司对稀土尾矿库进行了团粒喷播生态修复工程,主要针对自然岩土边坡通过重造人工土壤层的方式使植物成活,绿地植物成活率达 95％。本研究筛选修复工程使用的 6 种植物,通过测定尾矿库表层土壤和植物的轻稀土元素含量、分布,分析植物对表层土壤中轻稀土 La、Ce 元素的吸收和转移系数,筛选 La、Ce 元素富集植物,以期发现 La、Ce 元素富集植物,为尾矿库景观生态恢复提供理论依据。

4.1　S5 区概况

轻稀土尾矿库常年气候干燥,属于半干旱中温带大陆性季风气候,年均降水量 300 mm,日照长,蒸发量大,2007—2017 年的年均风速为 1.31～1.95 m/s,西北风为主导风向。库区土壤质地粗糙,含沙量大,物理性结构差,土壤类型均以栗钙土为主。2011 年尾矿库内修复工程种植的 6 种植物,分别为梭梭(Haloxylon ammodendron)、小叶锦鸡儿(Caragana microphylla)、花棒(Hedysarum scoparium)、胡枝子(Lespedeza bicolor)、白刺(Nitraria tangutorum)和毛白杨(Populus tomentosa)。

4.2　研究方法

4.2.1　土壤及植物样品采集

在 S5 区将 13、14、15 和 16 采样点再以风向因素为原则平均设置 4 个方位,矿坑边界为起点,分别在距库坑边界 50 m、100 m 和 300 m 处共设置 12 处样品采集点,分别是下风口的东南方向,上风口的西北方向,垂直于风向的东北和西南方向,即东南方向为 SE 1～3,西北方向为 NW 1～3,东北方向为 NE 1～3,西南方向为 SW 1～3,见图 4-1。

根据风向将采样点设置在东南、西北、东北和西南 4 个方向,距矿坑由近及远依次设置在 50 m、100 m 和 300 m 边坡处,共计 12 个采样点。采集 0～20 cm 表层土壤。采用五点采集-四分法采集 0～20 cm 表层土壤,即每采样点采集 5 份 1.6 kg 土壤,均匀混合后分为 4 等份,每份 2 kg,随机留 1 份土壤装入无菌自封袋备用,并做好记录。植物采样点与土壤采集点相同,每采样点采集 6 种植物,每种植物采集 3 株(长势中等,生长一致),从根部完整挖出后(毛白杨取高度 0.8 m 的幼苗)带回实验室,每种植物样品分为根和地上器官(含茎、叶)两部分,每份样品大于 40 g,尾矿库内 12 个采样点共采集 216 份植物地上器官样品和 216 份植物根样品,装入无菌自封袋中备用。上述样品于 2017 年 6 月采样。

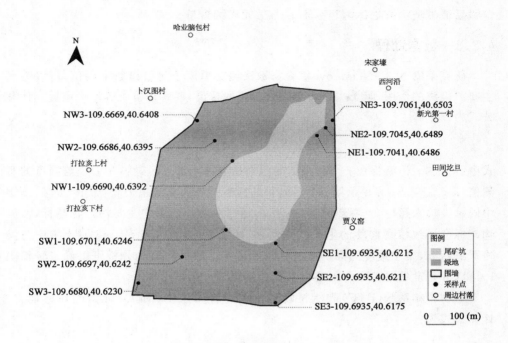

图 4-1　取样点示意图

Fig. 4-1　Sampling diagram

4.2.2　样品测定

土壤样品在实验室环境下自然风干后,在 105℃条件下烘干 4 h,除去杂物后过 100 目筛网,称取备用土壤样品和标准土样各 0.20 g,装到聚四氟乙烯坩埚中,加水润湿并加入 3 mL 硝酸和 2 mL 氢氟酸,将坩埚放到加热仪上 130℃加热 2 h;再加入 2 mL 氢氟酸和 3 mL 王水(硝基盐酸)加热 2 h,再加入 0.5 mL 高氯酸,150℃开口蒸干至坩埚不再冒白烟。再两次加入王水 3 mL 和 0.5 mL 高氯酸,200℃蒸干,残渣呈黑色,加入 3 mL 王水完全溶解后,温度降低后定溶到 25 mL 聚乙烯瓶;采用智能消解炉 HYP-320 消解,ICP(Inductively Coupled Plasma Optical Emission Spectrometer,Optima 7000 DV)测定样品消解液中轻稀土 La、Ce、Pr、Nd、Sm、Pm 和 Eu 元素的含量。

植物分别用蒸馏水、离子水各冲洗两次,用 105℃烘干 4 h,将植物地上器官和根分别细磨,过 100 目筛,分别称取备用样品 0.25 g,微波消解,ICP(PE 7000)测定样品消解液中植物体内轻稀土 La、Ce 元素的含量。

4.2.3　数据处理

　　研究采用 N. L. Nemerow 综合指数法测定单因子污染指数平均值,可以突出主要污染物的作用,赋予主要污染物以较高的权值,客观评价土壤环境质量。计算公式为:

$$P_{ij} = C_{ij}/S_i$$

式中:P_{ij} 为 i 污染物在 j 个监测点的污染指数;C_{ij} 为 i 污染物在 j 个监测点的实测值(mg/kg);S_i 为评价第 i 个污染物的标准。当计算结果为 $0 < P_{ij} < 1$ 时,土壤中的污染物未超标,土壤环境良好;当 $1 < P_{ij} < 3$ 时,土壤中主要污染物超标,污染物超标会导致植物群落的生长发育迟缓,甚至植物死亡;当 $P_{ij} > 3$ 时土壤中污染物严重超标,属于重度污染。通过单因子污染指数平均值的分析可以确定轻稀土 La 和 Ce 元素是尾矿库内土壤中主要污染物。

　　生物转移系数(BTC)表示植物对土壤中轻稀土 La 和 Ce 元素的转移能力。计算公式为:

$$BTC = T_r/T_s$$

式中:BTC(biological transfer coefficient)为植物体内从根到地上器官的运输能力,T_r 为植物地上部分轻稀土 La 和 Ce 元素的含量,T_s 为植物根中轻稀土 La 和 Ce 元素的含量。它反映植物吸收轻稀土 La 和 Ce 元素后,从根部向地上器官的转移能力,当 BTC < 1 时,轻稀土 La 和 Ce 元素集中在植物的根部,转移能力弱;当 BTC > 1 时,植物地上器官多余根系中的轻稀土 La 和 Ce 元素含量,植物属于主动吸收,转移能力强,符合富集植物筛选的初步特征。

　　采用生物吸收系数 BAC(biological absorption coefficient)评价土壤对植物的影响程度。生物吸收系数计算公式为:

$$BAC = C_p/C_s$$

式中:BAC 为 La、Ce 轻稀土元素在沉积物中的富集系数,C_p 为植物体内 La、Ce 轻稀土元素含量,C_s 为植物生长对应土壤中 La、Ce 轻稀土元素含量。它反映了植物对土壤中 La、Ce 轻稀土元素的富集能力,当 BAC < 1 时,植物从土壤中富集污染物的能力弱,当 BAC > 1 时,符合富集植物标准,系数越大,富集能力越强。

　　用 SPSS 19.0 和 Excel 2010 软件包进行数据统计与方差分析。

4.3 结果与分析

4.3.1 表层土壤中镧和铈轻稀土元素的含量及分布

轻稀土尾矿库内东南、东北、西南和西北 4 个方位表层土壤中轻稀土元素含量见表 4-1。从表中可知,采样点的土壤中轻稀土 La、Ce、Pr、Nd、Sm、Pm 和 Eu 的平均含量依次为 2762.46、5440.42、1308.42、1604.11、133.96、28.12 和 40.53,尾矿库表层土壤中的轻稀土含量均显著高于内蒙古土壤含量几何平均值,超标 25.10~230.56 倍,表明库内表层土壤中轻稀土元素积累和污染严重。土壤中轻稀土各元素含量依次为 Ce>La>Nd>Pr>Sm>Eu>Pm,与尾矿坑距离越远含量值出现显著减少的特征。表层土壤轻稀土含量值为东南>东北>西南>西北,即东南方向污染最重。轻稀土镧和铈元素含量之和占比总量的 72%,因此将稀土 La 和 Ce元素作为该地区轻稀土富集植物筛选的评价指标。

采用 N. L. Nemerow 综合指数法分析单因子污染指数平均值,确定表层土壤汇总稀土元素 La、Ce、Pr、Nd、Sm、Pm 和 Eu 污染指数平均值(表 4-2)。结果显示,单因子污染指数 P_{ij} 均大于 3,属于严重污染区域;东南单因子污染指数平均值为69.06~544.10,污染值最高;西北单因子污染指数平均值为 5.99~19.75,污染值最低;东北和西南单因子污染指数平均值相似,因此满足采样点按风向设置的原则。

4.3.2 植物中轻稀土镧和铈元素含量分布

在尾矿库内的边坡绿地上采集的 6 种修复工程使用的园林植物,分别对植物的根和地上器官进行轻稀土镧和铈元素的检测,结果显示:白刺和胡枝子两种植物根的含量大于地上器官的含量,具有主动转移的能力;其余四种植物根的含量小于地上器官的含量,被动转移明显,大量污染物被囤积在根部。各方向植物体内轻稀土镧和铈元素含量分布与采样点土壤中轻稀土含量分布规律相同,见表 4-3。

表 4-1　稀土尾矿库四方向土壤中稀土元素的含量

Table 4-1　Content of rare earth elements in the soil of four directions of rare earth tailings pond

mg/kg

方向 Direction	距离/m Distance	La	Ce	Pr	Nd	Sm	Pm	Eu
东南 Southeast	50	13606.5±526.37	24422.0±1068.19	4658.6±365.68	7085.1±112.23	551.82±29.54	109.8±11.89	129.2±38.68
	100	9089.83±871.05	19662.21±588.16	3626.7±247.92	5818.1±147.29	411.44±168.83	77.35±31.79	94.68±1.21
	300	2031.71±427.26	4162.03±195.30	986.07±17.94	1697.45±18.22	139.37±26.84	44.85±9.48	65.03±6.28
平均值 Average		8242.71	16082.10	3090.51	4866.93	367.54	77.35	96.32
东北 Northeast	50	2882.16±321.57	5420.47±1352.24	1243.7±462.99	1428.6±213.85	187.32±23.84	19.71±3.51	41.43±1.48
	100	904.29±75.86	2170.18±135.13	502.97±47.65	589.58±29.13	50.83±4.17	11.36±1.82	19.21±2.91
	300	257.41±40.27	710.23±118.94	223.64±18.76	241.47±3.54	25.33±5.48	7.39±2.47	13.19±1.08
平均值 Average		1347.95	2766.96	656.80	753.24	87.83	12.82	24.61
西南 Southwest	50	2197.32±321.86	4625.41±911.00	912.63±319.06	1007.5±213.63	112.45±25.91	25.66±4.42	39.97±11.34
	100	1261.57±268.27	1918.86±339.07	373.18±15.54	593.94±103.29	46.20±4.47	13.09±3.95	22.43±12.51
	300	329.41±117.01	741.81±181.42	101.31±44.10	231.04±31.16	10.41±3.84	5.45±17.12	13.16±1.19
平均值 Average		1263.77	2428.69	462.37	610.84	56.35	14.73	25.19
西北 Northwest	50	312.48±46.23	701.67±201.69	123.31±46.18	218.35±25.61	31.79±1.25	9.09±2.57	21.97±5.86
	100	169.61±28.75	387.95±84.71	93.45±17.05	178.27±87.19	19.22±7.16	6.47±1.00	14.82±1.66
	300	107.15±14.70	362.11±45.09	81.02±34.46	159.60±51.91	21.35±5.21	7.21±2.34	11.20±4.29
平均值 Average		196.41	483.91	99.26	185.41	24.12	7.59	16.00
稀土含量平均值 Average content		2762.46	5440.42	1308.42	1604.11	133.96	28.12	40.53
内蒙古土壤几何平均值 background		32.80	49.10	5.68	19.20	3.81	1.12	0.81

注：表中数据为 3 个样本的算术平均值±标准差。

表 4-2　稀土元素单因子污染指数平均值

Table 4-2　Average value of single factor pollution index of rare earth elements

方向 Direction	La	Ce	Pr	Nd	Sm	Pm	Eu
东南 Southeast	251.30	327.54	544.10	253.49	96.47	69.06	118.91
东北 Northeast	41.10	56.35	115.63	39.23	28.33	11.45	30.38
西南 Southwest	40.53	49.46	81.40	31.81	17.79	13.15	31.10
西北 Northwest	5.99	9.86	17.48	9.66	6.33	6.78	19.75

表 4-3　植物体内不同器官轻稀土镧和铈元素含量

Table 4-3　Contents of La and Ce elements in the plant of different organs　　mg/kg

名称 Name	部位 Organ	方位 Location	La			Ce		
			50 m	100 m	300 m	50 m	100 m	300 m
梭梭 *Haloxylon ammodendron*	地上器官 shoot	东南 SE	3740.59	3650.68	309.61	6568.05	6616.56	664.58
	根 root		3250.57	3066.57	280.81	6377.58	5928.44	556.25
	地上器官 shoot	东北 NE	792.32	363.10	39.18	1457.65	730.24	113.37
	根 root		688.53	305.00	35.53	1415.38	654.29	94.89
	地上器官 shoot	西南 SW	604.28	506.49	50.15	1243.85	645.44	118.32
	根 root		525.12	425.45	45.49	1207.78	578.31	99.04
	地上器官 shoot	西北 NW	85.78	67.88	16.31	188.53	130.23	57.80
	根 root		74.54	57.02	14.79	183.06	116.69	48.38
毛白杨 *Populus tomentosa*	地上器官 shoot	东南 SE	1977.60	1729.54	354.90	3585.60	3128.81	693.42
	根 root		2333.57	2058.16	457.82	4517.85	3879.72	922.25
	地上器官 shoot	东北 NE	418.89	172.02	44.91	795.76	345.31	118.29
	根 root		494.29	204.71	57.93	1002.65	428.19	157.33
	地上器官 shoot	西南 SW	319.47	239.96	57.49	679.04	305.21	123.46
	根 root		376.98	285.55	74.16	855.58	378.46	164.20
	地上器官 shoot	西北 NW	45.35	32.16	18.70	102.92	61.58	60.31
	根 root		53.51	38.27	24.12	129.68	76.36	80.22

续表 4-3

名称 Name	部位 Organ	方位 Location	La			Ce		
			50 m	100 m	300 m	50 m	100 m	300 m
胡枝子 *Lespedeza bicolor*	地上器官 shoot	东南 SE	8423.15	7098.95	1879.94	14475.86	12006.12	3339.92
	根 root		5475.05	5182.23	1616.75	9843.59	10685.44	2738.73
	地上器官 shoot	东北 NE	1784.18	706.07	237.89	3212.64	1325.06	569.76
	根 root		1159.72	515.43	204.58	2184.60	1179.30	467.20
	地上器官 shoot	西南 SW	1360.73	984.90	304.53	2741.42	1171.18	594.64
	根 root		884.47	718.98	261.90	1864.16	1042.35	487.60
	地上器官 shoot	西北 NW	193.15	132.00	99.04	415.51	236.31	290.50
	根 root		125.55	96.36	85.18	282.55	210.32	238.21
白刺 *Nitraria tangutorum*	地上器官 shoot	东南 SE	3075.53	2727.46	278.06	6393.23	6238.23	522.56
	根 root		5781.99	4963.98	711.85	12083.21	10729.76	1254.14
	地上器官 shoot	东北 NE	651.45	271.28	35.19	1418.86	688.48	89.14
	根 root		1224.73	493.72	90.08	2681.64	1184.19	213.94
	地上器官 shoot	西南 SW	496.84	378.41	45.04	1210.74	608.53	93.04
	根 root		934.06	688.70	115.31	2288.30	1046.67	223.29
	地上器官 shoot	西北 NW	70.53	50.71	14.65	183.51	122.78	45.45
	根 root		200.23	140.19	48.59	527.45	331.25	151.13
花棒 *Hedysarum scoparium*	地上器官 shoot	东南 SE	3716.98	3514.16	546.41	6384.46	6437.72	1678.85
	根 root		3791.32	3619.58	557.34	6384.46	6759.61	1746.01
	地上器官 shoot	东北 NE	787.32	349.52	69.14	1416.91	710.50	286.40
	根 root		803.07	360.01	70.52	1416.91	746.03	297.85
	地上器官 shoot	西南 SW	600.46	487.55	88.51	1209.46	627.99	298.90
	根 root		612.47	502.18	90.28	1209.46	659.39	310.86
	地上器官 shoot	西北 NW	85.23	65.34	28.79	183.26	126.71	146.02
	根 root		170.15	130.61	56.13	364.51	257.71	295.85
小叶锦鸡儿 *Caragana microphylla*	地上器官 shoot	东南 SE	2551.20	2345.95	364.53	4406.21	4788.55	657.09
	根 root		2908.36	2369.41	455.66	5639.95	5171.63	827.37
	地上器官 shoot	东北 NE	540.39	233.33	46.13	977.87	528.49	112.09
	根 root		616.04	235.66	57.66	1251.68	570.77	200.43
	地上器官 shoot	西南 SW	412.14	325.48	59.05	834.44	467.12	116.99
	根 root		469.84	328.73	73.81	1068.08	504.49	165.38
	地上器官 shoot	西北 NW	58.50	43.62	19.20	126.47	94.25	57.15
	根 root		70.32	49.86	22.48	140.33	118.76	91.47

稀土尾矿库植被修复工程经过 6 年生长后,对 6 种修复植物进行轻稀土 La 和 Ce 含量的测定,见表 4-4。结果显示,采样点植物体内轻稀土 La 和 Ce 含量高低与表层土壤中轻稀土 La 和 Ce 含量的高低一致,这符合 Hormesis 规则。

表 4-4　稀土尾矿库植物样品中镧和铈元素的含量平均值

Table 4-4　Contents of La and Ce elements in the plant of rare earth tailings pond

mg/kg

采样点 Sampling point 元素 Element		La			Ce		
		50 m	100 m	300 m	50 m	100 m	300 m
梭梭 *Haloxylon ammodendron*	地上器官 shoot	1305.52±136.21	1147.01±133.72	103.81±21.84	2363.77±493.71	2029.83±360.76	238.45±34.63
	根 root	1134.91±299.04	963.54±97.41	94.16±10.48	2296.70±200.33	1820.22±659.75	199.71±67.43
	总量 amount	2440.43	2110.55	197.97	4660.47	3850.05	438.16
小叶锦鸡儿 *Caragana microphylla*	地上器官 shoot	888.36±163.09	735.13±137.83	121.94±21.04	1583.92±321.43	1465.84±223.84	235.43±90.03
	根 root	1017.43±397.32	746.43±411.06	153.07±46.80	2032.73±205.92	1590.93±422.81	236.23±88.72
	总量 amount	1905.79	1481.56	275.01	3616.65	3056.77	471.66
花棒 *Hedysarum scoparium*	地上器官 shoot	1294.62±218.27	1101.2±164.09	335.76±75.29	2293.82±264.88	1968.33±213.04	602.34±100.42
	根 root	1326.33±400.09	1140.21±520.39	343.27±192.14	2303.03±504.54	2081.92±489.86	626.85±146.67
	总量 amount	2620.95	2241.41	370.09	4596.85	4050.25	1229.19
胡枝子 *Lespedeza bicolor*	地上器官 shoot	2947.87±414.96	2225.41±232.02	631.02±74.65	5199.21±443.08	3678.35±329.02	1199.76±241.09
	根 root	1903.63±582.76	1633.32±380.13	541.43±89.18	3555.87±942.71	3285.67±884.03	981.88±392.33
	总量 amount	4851.50	3858.73	1172.45	8755.08	6964.02	2181.64
白刺 *Nitraria tangutorum*	地上器官 shoot	2019.89±335.03	1561.77±194.44	238.81±47.36	4355.18±325.45	3296.84±290.41	450.62±81.10
	根 root	1434.11±437.69	1213.78±307.20	220.30±20.78	2474.0±333.08	2271.47±380.56	409.51±124.11
	总量 amount	3454.00	2775.55	459.11	6829.18	5568.31	860.13
毛白杨 *Populus tomentosa*	地上器官 shoot	687.81±64.14	542.66±113.78	118.63±12.53	1285.22±213.31	959.85±109.78	248.2±35.41
	根 root	817.11±187.80	647.43±200.03	153.88±31.13	1632.05±423.78	1191.06±392.56	331.67±133.20
	总量 amount	1504.92	1190.09	272.51	2917.27	2150.91	579.87

注：表中数据均为 3 个样本的算术平均值±标准差。

植物体内轻稀土 La、Ce 总量是尾矿库内 50 m、100 m 和 300 m 所有采样点的平均值。胡枝子体内轻稀土 La 和 Ce 含量均为最高,其中轻稀土 La 含量从 50～300 m 依次为 4851.50、3858.73 和 1172.45,轻稀土 Ce 含量依次为 8755.08、6964.02 和 2181.64。梭梭、胡枝子和白刺体内轻稀土 La 和 Ce 含量为地上器官＞根;小叶锦鸡儿、花棒和毛白杨体内轻稀土 La 和 Ce 含量为根＞地上器官。

4.3.3　植物体内轻稀土镧、铈元素转移系数

不同种类的植物对轻稀土 La 和 Ce 的转移能力不仅与元素本身化学特性有关,同时还与植物对元素本身的吸收和适应有关。研究的植物经过 6 年时间已和轻稀土胁迫环境形成平衡。通过植物转移系数分析植物体地上器官与根的比值可知,同一种植物对轻稀土 La 和 Ce 的转移能力基本相同,不同植物对轻稀土 La 和 Ce 的转移能力不同。因此,小叶锦鸡儿、花棒和毛白杨对稀土 La 和 Ce 的生物转移系数均小于 1,其从根向地上器官转移能力弱,将大量元素滞留在根部;而梭梭、胡枝子和白刺对轻稀土 La 和 Ce 的生物转移系数为 1.03～1.76,因此,初步判断梭梭、胡枝子和白刺三种植物满足富集植物的特征,见表 4-5。

表 4-5　植物镧和铈元素的生物转移系数

Table 4-5　Biological transfer coefficient (BTC) of La and Ce elements in plants

元素 Element	La			Ce		
采样点 Sampling point	50 m	100 m	300 m	50 m	100 m	300 m
梭梭 *Haloxylon ammodendron*	1.15	1.19	1.10	1.03	1.12	1.19
小叶锦鸡儿 *Caragana microphylla*	0.87	0.98	0.80	0.78	0.92	1.00
花棒 *Hedysarum scoparium*	0.98	0.97	0.98	1.00	0.95	0.96
胡枝子 *Lespedeza bicolor*	1.55	1.36	1.17	1.46	1.12	1.22
白刺 *Nitraria tangutorum*	1.41	1.29	1.08	1.76	1.45	1.10
毛白杨 *Populus tomentosa*	0.84	0.84	0.77	0.79	0.81	0.75

4.3.4　植物中轻稀土镧和铈元素吸收系数

植物体内轻稀土 La 和 Ce 绝大部分来源于土壤,因此距离尾矿坑边界 50 m、100 m 和 300 m 处,分别将单一植物体内轻稀土 La 和 Ce 含量平均值与相对应采样点的土壤含量平均值进行比较。以 50 m 处胡枝子为例,在 4 个采样点采集植物并测定其地上器官和根的轻稀土 La 含量平均值,并与 50 m 处四方向土壤中轻稀

土 La 含量平均值进行比较。结果显示,不同植物对同一土壤条件下的吸收能力不同,依次为胡枝子＞白刺＞花棒＞梭梭＞小叶锦鸡儿＞毛白杨。胡枝子吸收系数为 1.00～1.72,见表 4-6。

表 4-6　植物镧和铈元素生物吸收系数

Table 4-6　Biologic absorption coefficient of La and Ce in plants

元素 Element 采样点 Sampling point	La			Ce		
	50 m	100 m	300 m	50 m	100 m	300 m
梭梭 *Haloxylon ammodendron*	0.57	0.74	0.29	0.53	0.64	0.29
小叶锦鸡儿 *Caragana microphylla*	0.45	0.52	0.40	0.41	0.51	0.32
花棒 *Hedysarum scoparium*	0.62	0.78	0.54	0.52	0.67	0.82
胡枝子 *Lespedeza bicolor*	1.14	1.35	1.72	1.00	1.15	1.46
白刺 *Nitraria tangutorum*	0.81	0.97	0.67	0.78	0.92	0.58
毛白杨 *Populus tomentosa*	0.35	0.42	0.23	0.33	0.36	0.39

4.4　植物-菌根环保盆制作与应用

菌根是植物根系与土壤中某些真菌的共生体。菌根具有扩大植物根系吸收面积,提高原根毛正常吸收(特别是磷)的吸收能力。菌根与寄主植物相连又在土壤中向外扩张,一面从寄主植物中吸收营养物质,另一面增加植物根系吸收土壤中的水分和营养物质。根据形态和解剖学的特征,又把菌根分为外生菌根(ectomycorrhizae)和内生菌根(endomycorrhizae)两大类。外生菌根在植物根系周围形成菌套,一面紧紧包围保护着植物新生根,另一面向周围土壤扩展菌丝,代替根毛吸收水分和营养物质。约 3% 的植物具有外生菌根,其中多数是乔木树种,包括被子植物和裸子植物,内生菌根(又被称为 AM 真菌或丛枝菌根真菌)是真菌的菌丝体,不与植物根系形成菌套,其进入植物根的细胞内部存在于皮层薄壁细胞之间,内生菌根都保留着根毛。丛枝菌根又称泡囊-丛枝菌根(vesicalar-arbuscular)即 VA 菌根,是内囊霉科(Endogonaceae)的部分真菌与植物根形成的共生体系。

菌根能提高植物从土壤中吸收水分、营养物质的能力,增强其抗逆性。菌根是生态系统的重要因子之一,与植物生长发育、植物群落的建立、演替和区系分布等都发挥着重要作用。

(1)对植物生长发育的影响。菌根对个体的影响主要表现在促进植物生长、增强植物抗胁迫能力等。种外生菌根真菌美味牛肝菌能够显著提高苗木移栽后的生物量、成活率以及抗逆性等,特别是在幼苗移植后增强其抗旱、抗寒能力,对于干旱、寒冷的北方地区菌根对植物个体生长发育具有重要意义。因此,菌根通过提高植物个体抗逆性来提高植物群落的稳定性。

（2）对植物群落的影响。在极端立地条件下建立人工植物群落结合菌根的方法可以加快植物群落的演替和恢复。植物与不同菌根接种会表现出较大差异性,不同植物需要接种不同菌根,可以加快植物群落的演替和重建,菌根在植物群落稳定性方面也发挥着重要作用。菌根真菌的存在对于维持生态系统中物种多样性及受污染地区的生态恢复都具有重要的意义。

4.4.1　材料

环保盆使用优质无纺布面料,特点包括:①透气性良好、无虫害、防止二次污染和苗木移植成活率高;②省时省力,移植时不用断根、包土球;③低成本,可降解。乔木袋重量 170 g/个,直径 58 cm,高度 43.5 cm;灌木袋重量 140 g/个,直径 23 cm,高度 20 cm,见表 4-7。

表 4-7　无纺布环保盆尺寸

Table 4-7　Non-woven fabric environmental basin size　　　　cm

苗木胸径 DBH	环保袋直径 Environmental bag diameter	环保袋高度 Environmental bag height
3	20～30	20.0～23.5
3～5	35～40	23.5～33.5
6～8	45～50	39.0～43.5
9～10	55～60	43.5～50.0
11～12	65～80	50.0～57.0
13～15	90～110	57.0～66.6

实验所用油松和胡枝子种子来源于包头种子管理站,播种前需对表面消毒后置于恒温培养箱中进行催芽,之后播种。油松接种现场采集的外生菌根,淡紫丝盖伞 *Inocybe lilacina*。胡枝子接种 AM 真菌菌株来源于北京市农林科学院植物营养与资源所微生物室。接种菌剂是实验中扩繁得到,菌剂包括根际沙土混合物、孢子、菌丝和被侵染的植物根段,见表 4-8。

表 4-8　3 种 AM 真菌
Table 4-8　Three AM fungi

中文名称 Chinese name	拉丁文名称 Latin name	BGC 编号 BGC number	国家自然资源平台编号 Platform number	孢子数/(个/10 g) Number of spores
根内球囊体	*Rhizophagus intraradices*	BGC BJ09	1511C001BGCAM0042	369
摩西球囊体	*Funneliformis mosseae*	BGCNM01A	1511C001BGCAM0023	326
地表球囊体	*Glomus versiforme*	BGCGD01C	1511C001BGCAM0031	310

注:BGC 是中国丛枝菌根真菌种质。

　　保水剂成分为丙烯酰胺-丙烯酸盐共聚交联物+无机矿物质凹凸棒。保水剂的特点是可以反复吸收和释放,在土壤中使用时间超过 3 年,吸水重量可以达到自身重量的 400 倍,pH 为中性,粉末或颗粒状。保水剂在土壤中可以快速、大量地把水分保存起来,当植物需要水分时慢慢释放,缓慢地供给植物使用,保证植物的正常生长,同时还有改良土壤理化性质、微生物等特点,对于盐碱化土壤也具有改良作用。保水剂是生态环保产品,不会造成土壤的二次污染,保障植物根系不会烂根、发霉等。有研究表明保水剂的最大吸水力高达 $13\sim14$ kg/cm^2,树木根系的吸水力多为 $17\sim18$ kg/cm^2,树木根系可以直接从保水剂中吸收水分,而不会出现植物根系水分的倒流现象。树木根系能直接吸收贮存在保水剂中的水分和养分,用法与用量见表 4-9。

表 4-9　保水剂的使用方法
Table 4-9　Use method of water retaining agent

种类 Type	用量 Dosage	用法 Method
草坪、花卉 Lawn,Flowers	沙土: $60\sim80$ g/m^2 壤土: $40\sim60$ g/m^2 黏土: $20\sim40$ g/m^2	将保水剂按 1∶($15\sim20$)的比例与细干土混合均匀(有条件的地方,最好让保水剂吸水成饱和凝胶状)撒到土壤表面,然后搅混到 $5\sim10$ cm 深的土层里,整平后撒播草种或移栽草皮,并浇透第一水
灌木 Shrub	$3.0\sim5.0$ kg/亩	沟施:先将保水剂按 1∶($15\sim20$)的比例与细干土混匀,然后均匀撒入种植沟内,深 $10\sim15$ cm,后覆土混匀。最后将花种(幼苗)播(植)入种植沟内并浇透水

续表 4-9

种类 Type	用量 Dosage	用法 Method
乔木 Arbor	①胸径 2～4 cm:20～30 g/株; ②胸径 4～5 cm:50～70 g/株; ③胸径 6～7 cm:80～100 g/株; ④胸径 8 cm 及以上:100～200 g/株	穴施:将保水剂与细干土按 1:(5～10)的比例充分混合均匀后,分两层平均施入树穴中,第一层施入穴底,放入苗木后填土,将第二层放入苗木根系上部,填土压实后浇水 蘸根:将保水剂与清水按 1:(100～150)的比例配成凝胶,也可适当加入黄土调成泥浆,将苗木根系放入凝胶中搅拌 3～5 s,随蘸随栽。适用于苗木移栽、苗木运输等

4.4.2　方法

　　研究采用温室菌根环保盆栽植实验的方法,在 La、Ce 的不同浓度污染下接种 1 种外生菌根,分析油松的菌根侵染率和对 La、Ce 元素吸收效应。在 La、Ce 的不同浓度污染下接种 3 种 AM 真菌,分析胡枝子的菌根侵染率和对 La、Ce 元素吸收效应。添加保水剂,以期筛选富集、耐受植物—菌根环保盆,为治理土壤中轻稀土污染提供创新方法。

　　实验土壤采自内蒙古包头市轻稀土尾矿库 SE3、SW3、NE3 和 NW3 见图 3-1。土壤理化性质及轻稀土浓度见表 3-1、表 3-2 和表 3-3。

　　2018 年 4 月 10 日在内蒙古科技大学联合实验基地玻璃温室内进行,见图 4-2。对于 La、Ce 浓度不同的污染土壤,油松分别设置不接种 CK 样和淡紫丝盖伞,每种土壤样品处理设置 10 个重复,共计 40 盆。胡枝子分别设置根内球囊体、摩西球囊体和地表球囊体等 3 种 AM 真菌,每种土壤样品处理设置 10 个重复,共计 370 盆。

图 4-2　温室植物培养

Fig. 4-2　Greenhouse plant culture

　　播种前,先将种子用水浸泡,表面完全湿润后,撒入保水剂的粉末中,使表面沾一层保水剂,然后播种在环保盆中。保水剂用量油松 0.0004 g/盆,胡枝子 0.0002 g/盆。播种选择颗粒饱满的种子,每盆播种 10 棵。植物生长期间土壤基质含水量模拟实际土壤含水量维持在 8%。150 d 后植物和土壤进行 ICP 检测。菌根环保盆示意图见图 4-3。

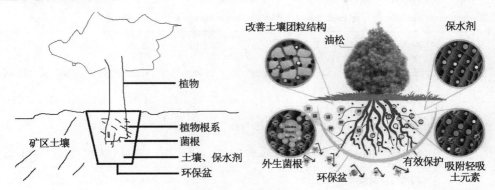

图 4-3　菌根环保盆示意图

Fig. 4-3　Mycorrhizal environmental basin schematic

4.4.3　菌根环保盆的应用

1.样品测定与分析

菌根侵染率测定方法:随机选取实验植物 1.0 g 的新鲜根系,并在 50% 乙醇中进行保存。采用根段频率法测定菌根侵染率,将准备好的实验样品用 0.05% 的台盼蓝乳酸甘油溶液染色,保存、制片,甘油与乳酸配比值为 1∶1。侵染率计算公式为:

$$菌根侵染率＝(侵染的根段数/观察的总根段数)×100\%$$

La、Ce 元素的测定:方法同 4.2.2

2.数据分析

方法同 4.2.3

(1)油松与外生菌根吸收土壤中 La 和 Ce 元素效应

实验结果见表 4-10,土壤采用各区采集的表层土壤,接种处理中所有外生菌根与油松建立了良好的关系,在 NW3 区采集的土壤样品,污染浓度最低,接种率最高,La 接种率为 34.16%,Ce 接种率为 24.13%;土壤中 La、Ce 污染浓度越低,油松吸收其能力越强,与空白样 CK 的差值越大。

表 4-10　接种外生菌根对不同浓度 La 和 Ce 污染土壤中油松菌根侵染率和吸收效应

Table 4-10　The infection rate and absorption effect of ectomycorrhizal inoculation on pinus tabulaeformis in polluted soil by different concentrations of La and Ce

接种 Vaccination Substrate	土壤样品 Soil sample Area	基质/(mg/kg) Inoculation La	Ce	菌根侵染率/% Mycorrhizal colonization La	Ce	地上器官/(mg/kg) Shoot La	Ce	根/(mg/kg) Root La	Ce
I. lilacina	SE3	2031.71	4162.03	1.18±0.02	1.06±0.09	191.42	234.41	254.02	289.34
	NE3	329.41	741.81	13.53±1.63	7.85±1.29	34.12	58.03	46.75	78.85
	SW3	257.41	710.23	13.94±2.11	8.43±0.43	28.20	52.66	42.03	67.35
	NW3	107.15	362.11	34.16±3.18	24.13±1.56	6.90	17.47	9.42	24.13
C K	SE3	2031.71	4162.03	0.00±0.00	0.00±0.00	183.46	227.17	245.59	273.24
	NE3	329.41	741.81	0.00±0.00	0.00±0.00	25.10	47.36	27.94	58.48
	SW3	257.41	710.23	0.00±0.00	0.00±0.00	20.48	41.83	23.63	49.56
	NW3	107.15	362.11	0.00±0.00	0.00±0.00	2.94	8.06	3.53	9.25

注:表中数据为 10 次重复的平均值±标准误差。

菌根侵染率是评价油松与外生菌根共生的重要指标。随着 La、Ce 元素浓度的不断增高,菌根侵染率不断降低。*I. lilacina* 在 4 个不同浓度土壤中侵染率随浓度降低而升高。

土壤中不同浓度 La、Ce 元素在外生菌根接种下,通过 150 d 生长发育,接种后的油松吸收 La、Ce 元素含量均高于 CK 参照样,在不同区域的土壤中 La 元素的吸收量均高于 Ce 元素的吸收量,与 La、Ce 元素的浓度有关。

(2)胡枝子与 AM 真菌吸收土壤中 La 和 Ce 元素效应

实验结果表明见表 4-11,土壤采用各区采集的表层土壤,接种处理中所有 AM 真菌均与胡枝子建立了良好的关系,在 NW3 区采集的土壤样品,La 接种率为 88.54%,Ce 接种率为 74.81%;只有 *R. intraradices* 接种后胡枝子吸收量超过原有的测量量,见表 4-11。

表 4-11　接种 AM 真菌对不同浓度 La 和 Ce 污染土壤中胡枝子菌根侵染率和吸收效应
Table 4-11　Mycorrhizal infection rate and absorption effect of inoculated AM fungi on contaminated soil by different concentrations of La and Ce

接种 Vaccination Substrate	土壤样品 Soil sample Area	基质/(mg/kg) Inoculation		菌根侵染率/% Mycorrhizal colonization		地上器官/(mg/kg) Shoot		根/(mg/kg) Root	
		La	Ce	La	Ce	La	Ce	La	Ce
R. intraradices	SE3	2031.71	4162.03	14.18±1.76	4.36±0.39	1881.82	3484.21	1754.99	2892.09
	NE3	329.41	741.81	63.82±5.73	35.75±2.79	324.62	658.39	286.00	518.02
	SW3	257.41	710.23	71.24±2.05	39.19±2.46	258.30	612.61	222.08	502.34
	NW3	107.15	362.11	88.54±7.48	74.81±6.33	122.30	306.77	92.47	254.59
F. mosseae	SE3	2031.71	4162.03	8.06±1.76	2.57±0.02	1683.47	2772.38	1585.75	2573.67
	NE3	329.41	741.81	33.84±4.92	28.83±1.83	290.41	505.71	256.68	458.21
	SW3	257.41	710.23	37.42±5.25	29.48±3.16	228.25	478.75	200.66	439.05
	NW3	107.15	362.11	55.33±1.34	52.23±3.93	97.90	241.14	83.55	223.85
G. versiforme	SE3	2031.71	4162.03	10.33±1.01	0.51±0.01	1411.61	2578.31	1403.99	2197.99
	NE3	329.41	741.81	39.78±4.67	25.24±1.09	231.67	459.04	227.44	391.32
	SW3	257.41	710.23	43.99±3.21	26.36±3.24	180.98	439.84	177.66	374.96
	NW3	107.15	362.11	57.14±4.12	49.03±3.37	75.34	224.26	73.97	191.17

注:表中数据为 10 次重复的平均值±标准误差。

　　菌根侵染率是评价胡枝子与 AM 真菌共生的重要指标。随着 La、Ce 元素浓度的不断增高,菌根侵染率不断降低。三个 AM 真菌中,*R. intraradices* 在 4 个不同浓度土壤中侵染率最高,与胡振琪和付瑞英的研究结果相同。

　　土壤中不同浓度 La、Ce 元素在 3 种 AM 真菌接种下,通过 150 d 生长发育,*R. intraradices* 真菌接种的胡枝子吸收量高于无菌根接种(表 4-11),并且随着土壤污染浓度的不断降低,接种后的胡枝子吸收量不断增加,与付瑞英的研究结果相同。接种后的胡枝子在不同区域的土壤中 La 元素的吸收量均高于 Ce 元素的吸收量,与 La、Ce 元素的浓度有关。

4.5　小结

　　(1)尾矿库表层土壤中轻稀土元素含量与前人研究结果相比呈增加趋势。郭伟等在 2013 年测定了稀土尾矿库和周边区域表层土壤中稀土元素的分布规律；郑春丽等在 2016 年检测了稀土尾矿库表层土壤和地下水中稀土元素的分布规律。本研究与上述研究结果中轻稀土在表层土壤中的分布规律相同，且含量呈增加趋势。与 2013 年相比轻稀土镧和铈元素最高值分别增加 2461.50 mg/kg，786 mg/kg，与 2016 年相比轻稀土镧和铈元素最高值微升，表明尾矿库内表层土壤中轻稀土元素污染持续加重，威胁着居民的生态安全。轻稀土镧和铈元素含量之和占比总量的 72%，表明轻稀土镧和铈元素是该地区轻稀土污染的主要元素。该地区以西北风为主导风向，城区在尾矿库的东南侧，因此，轻稀土元素污染的防治重点区域为尾矿库的东南方向。研究采用 N. L. Nemerow 综合指数法测定单因子污染指数平均值，科学评价表层土壤中稀土污染情况，表明该地区轻稀土污染治理的重要性和紧迫性。

（2）植物体内稀土镧和铈元素含量分布规律与表层土壤分布规律相同，符合 Hormesis 规律。轻稀土富集植物从尾矿库内筛选，库内植物与库外其他植物体内轻稀土含量分布趋势相同。但本研究植物体内轻稀土镧、铈元素含量显著增加，与矿坑距离远近呈线性关系。植物体内镧、铈轻稀土元素分布与其他研究中重金属的分布规律相同，因此，可以借鉴筛选重金属富集植物的方法筛选轻稀土镧和铈的富集植物。

（3）检测尾矿库内 2011 年修复工程种植的 6 种植物，生物转移系数表示植物根部的镧、铈轻稀土元素向地上器官转移的能力。小叶锦鸡儿、花棒和毛白杨的镧、铈生物转移系数均小于 1，其从根向地上器官的转移能力弱，大量元素滞留在根部，属于被动转移；而梭梭、胡枝子和白刺的轻稀土镧、铈生物转移系数均大于 1，属于主动转移。因此判断梭梭、胡枝子和白刺 3 种植物满足富集植物的初步特征。再利用生物吸收系数评价植物从土壤中转移镧、铈轻稀土元素到植物体内的能力，胡枝子吸收系数大于 1，因此，采集的 6 种植物中胡枝子可作为镧、铈轻稀土元素的富集植物进行后续修复使用。

（4）稀土元素富集植物的研究工作起步较晚，已筛选的稀土富集植物种类偏少，这些植物在修复的地域、空间和土壤污染类型上受到很大局限性，应用范围狭窄，例如芒萁仅能在南方酸性土壤上使用。另外，受地域和其他因素所限（稀土为国家战略资源）目前研究尚未发现轻稀土富集植物，因此应加强富集轻稀土或重稀土植物的研究，精确治理稀土污染。

尽管胡枝子对土壤中镧、铈轻稀土元素具有较强的转移和吸收能力，符合富集植物的基本特征，是镧、铈轻稀土元素的富集植物，但对于其耐受机理还有待下一步研究。梭梭和白刺转移系数超过 1，可作为镧、铈轻稀土元素耐受植物与胡枝子进行配植,可以有效提高植被覆盖率。

（5）本研究发现植物菌根侵染率随土壤中镧、铈元素浓度增加而降低,与张旭红和付瑞英的研究结果相同。研究区采集的外生菌根与油松建立共生关系,因污染浓度较高,*I. lilacina* 与油松在 NW3 区采集的土壤样品在实验中接种率最高,La 为 34.16％,Ce 为 24.13％,所有土壤样品接种率均偏低。各区采集不同 La、Ce 浓度的土壤接种前后实验对比,油松地上器官吸收 La 元素提高 1.04～2.35 倍,Ce 元素提高 1.03～2.17 倍;根吸收 La 元素提高 1.03～2.66 倍,Ce 元素提高 1.06～2.61 倍,接种后吸收效率明显提高,根的吸收量大于地上器官吸收量。3 种不同 AM 真菌均与胡枝子建立共生关系,*R. intraradices* 在 NW3 区采集的土壤样品实验中接种率最高,La 为 88.54％,Ce 为 74.81％,所有土壤样品接种率均较高。3 种不同菌种吸收 La、Ce 元素对比,胡枝子地上器官吸收 La 元素提高 1.33～1.62 倍,Ce 元素提高 1.35～1.37 倍;根吸收 La 元素提高 1.25 倍,Ce 元素提高 1.32～1.33 倍,3 种不同菌种均提高胡枝子吸收量,接种率与吸收量的大小呈正比。

（6）菌根环保盆可以提高油松和胡枝子对轻稀土镧、铈元素的吸收量。轻稀土尾矿库属于极端生境条件,采用该技术植物在轻稀土污染、干旱等条件下正常生长;无纺布袋有效阻挡了土壤的二次污染,当植物根系破坏环保盆后进入污染土壤中,植物根系已经结合了菌根,提高了自身抗逆能力,因此,菌根环保盆通过筛选污染富集、耐受植物并接种菌根,添加保水剂,施用于土壤严重污染或尾矿库周边,可以有效提高植物成活率,加速恢复生态环境。

第 5 章 结论与建议

5.1 结论

本研究对包头轻稀土尾矿库周边植物和群落进行分析研究,轻稀土富集、耐受植物筛选,土壤恢复效应现状分析,植物群落生态修复评价,以期从尾矿库整体景观效果出发对该区域进行 4 种不同模式的植物群落优化设计,改善该区域土壤生态环境和景观效果。

1. 植物多样性和植物群落特征研究

包头轻稀土尾矿库 1 km 范围内区域开展调查,植物共有 30 科 70 属 101 种,植物种类稀少,生物多样性匮乏。植物属的地理分布显示该区域植物区系属于寒温带,以种植抗寒、抗旱植物为主。

植物群落演替顺序依次为:S5＜S4＜S2＜S3＜S1,S5 区和 S4 区以人工植物群落为主,S3 区和 S4 区以野生植物群落为主,植物群落在 S2 区出现逆向演替,为提高植物群落稳定性,应增加乡土植物和豆科植物的种植。

2. 土壤恢复效应现状分析

包头轻稀土尾矿库周边经过 6 年时间,采用不同植物群落恢复模式进行优化,结果显示:5 个研究区均未达到土壤恢复标准,差异原因可能是植被恢复年限较短、不同的植物群落恢复能力不同导致的。选择常绿乔木油松、落叶乔木毛白杨、小乔木山桃、灌草小叶锦鸡儿及紫苜蓿等植物进行群落配植,可以有效改良土壤的物理性质。

5 个研究区在不同植物群落恢复下其土壤化学性质均有不同程度改善,均优于恢复前,但土壤营养元素依然严重匮乏,氮、钾和磷元素均处于较低水平。比对 2011 年土壤化学性质实测值,比对值由高到低是 S5＞S4＞S2＞S3＞S1,人工植物群落结合乡土野生植物群落恢复土壤化学性质的指标最优。5 个研究区 2017 年土壤化学性质实测值由高到低是 S2＞S1＞S5＞S4＞S3,植物群落配植国槐、紫苜蓿等豆科植物可利用与其共生的根瘤菌固氮,樟子松、柠条等植物增加覆盖率、涵养水源,有效改善土壤的化学性质。

土壤肥力评价结果显示,群落的植物多样性＞植物数量＞植被覆盖率＞群落结构＞裸地,"国槐＋毛白杨＋油松＋紫丁香＋山桃＋紫苜蓿＋早熟禾"群落模式对土壤肥力改良效果较好。

S5 区域植物群落以灌木为主,修复土壤中轻稀土污染的效果远高于其他区域。本研究发现土壤轻稀土污染修复过程中,灌木优于乔木。选择轻稀土吸收转移能力强的植物与豆科等植物配植,组成稳定植物群落。"油松＋毛白杨＋胡枝子＋紫苜蓿＋梭梭＋小叶锦鸡儿"的恢复模式可以改善土壤轻稀土的污染。

3. 轻稀土富集植物筛选

胡枝子是镧、铈轻稀土元素的富集植物,梭梭和白刺转移系数超过 1,作为耐受性植物与胡枝子进行配植,提高植被覆盖率。植物-菌根环保盆可以提高油松和胡枝子对镧、铈轻稀土元素的吸收量。植物菌根侵染率随土壤中镧、铈元素浓度增加而降低。实验显示,$I.\ lilacina\ (boud.)\ kauffm$ 与油松接种后可以提高 1.03～2.66 倍的吸收量。3 种不同 AM 真菌与胡枝子建立共生关系,$R.\ intraradices$ 的菌根接种率最高,其可以提高 1.32～1.62 倍的吸收量。

5.2　创新点

(1)系统地研究了包头轻稀土尾矿库周边植物和植物群落,并运用植物地理学的方法分析了当地植物分布特征。

(2)筛选了轻稀土镧和铈元素的富集、耐受植物,对于土壤中轻稀土污染的治理具有重要的意义,目前国内外尚未有研究报道。

第6章 展望

植物群落恢复轻稀土尾矿库土壤效应的研究,虽然前期对尾矿库周边植物和植物群落进行了详细的调查分析,将尾矿库周边划分为 5 个不同研究区,对土壤的理化性质和轻稀土污染做出分析,同时研究了不同植物群落的特征,筛选了轻稀土镧和铈元素的富集、耐受植物,制作了植物-菌根环保盆并根据植物群落生态恢复评价结果优化了现有植物群落。但是还需要进一步解决其他问题,将轻稀土尾矿库区域的土壤环境和景观恢复有机地结合起来。

(1)需要增加植物多样性,持续筛选适宜当地土壤改良的植物,增加植物群落的稳定性。

(2)需要综合治理土壤污染,例如重金属污染,形成土壤生态环境恢复体系,从理化性质改良到所有污染的清除。

(3)恢复尾矿库周边生态环境是一项长期、复杂的工程,需克服短期、速效的思想。

(4)轻稀土尾矿库与其他类别尾矿库的特点不同,恢复方法可以借鉴到煤矿区和荒山区域使用,具体恢复工作要运用恢复生态学从当地的特点出发,遵循自然恢复规律,设计出最适合的植物群落恢复模式。

参 考 文 献

[1] 许炼烽,刘明义,凌垣华.稀土矿开采对土地资源的影响及植被恢复[J].农村生态环境,1999,15(1):14-17.

[2] 郭晓岚,孟雪飞,曹云.我国稀土行业法律保障体系的完善[J].稀土,2011,32(6):98-101.

[3] 王友生,侯晓龙,吴鹏飞,等.长汀稀土矿废弃地土壤重金属污染特征及其评价[J].安全与环境学报,2014,14(4):259-262.

[4] 陈广林.平远县稀土矿区的环境问题及恢复策略[J].科技情报开发与经济,2011,21(16):161-163.

[5] 胡婵娟,郭雷.植被恢复的生态效应研究进展[J].生态环境学报,2012,21(9):1640-1646.

[6] 蒋芳市,黄炎和,林金石,等.不同植被恢复措施下红壤强度侵蚀区土壤质量的变化[J].福建农林大学学报(自然科学版),2011,40(3):290-295.

[7] 康冰,刘世荣,蔡道雄,等.南亚热带不同植被恢复模式下土壤理化性质[J].应用生态学报,2010,21(10):2479-2486.

[8] 中国的稀土状况与政策[M].国务院新闻办,2012,6.

[9] 魏光普,闫伟,于晓燕,等.轻稀土尾矿库区植被修复的镧、铈富集植物筛选[J].林业科学,2019,55(5):20-26.

[10] 魏光普,于晓燕,杨轶凡,等.植物修复稀土矿区土壤中放射性元素的方法研究[J].安徽农业科学,2018(1):49-51.

[11] 魏光普,高耀辉,王丽云,等.内蒙古稀土尾矿库植物生态景观设计研究[A].人文园林,2018(4):107-110.

[12] 谭永红,夏卫生.矿区生态恢复研究[J].湖南第一师范学报,2007,7(1):170-172.

[13] 王丽,梦丽,张金池,等.不同植被恢复模式下矿区废弃地土壤水分物理性质研究[J].中国水土保持,2010,24(3):54-58.

[14] 王平,毕树平.植物根际微生态区域中铝的环境行为研究进展[J].生态毒理学报,2007,2(2):150-157.

[15] 王灵秀,张利成,白丽娜,等.稀土工业废水对包头段黄河水及地下水资源的放射性影响研究[J].稀土,2002(4):72-77.

[16] 王春红.北方土石山区煤矿排矸场水土保持设计初探——以司马矿井工程排矸场水土保持设计为例[A].中国水土保持学会水土保持规划设计专业委员会、水利部水利水电规划设计总院.中国水土保持学会水土保持规划设计专业委员会 2015 年年会论文集[C].中国水土保持学会水土保持规划设计专业委员会、水利部水利水电规划设计总院:中国水土保持学会,2015:11.

[17] 张琳,刘文,梁红.粤东北稀土矿场不同立地条件植物多样性研究[J].广东农业科学,2016,43(10):82-88.

[18] 王岩,李玉灵,石娟华,等.不同植被恢复模式对铁尾矿物种多样性及土壤理化性质的影响[J].水土保持学报,2012,26(3):112-117.

[19] 赵晋,王海超,陈春丽.废弃稀土矿山的环境修复方案[J].有色冶金设计与研究,2018,39(5):8-11.

[20] 王海超.赣南异地浸矿稀土矿区植被生态修复技术探讨[J].有色冶金设计与研究,2018,39(5):51-54.

[21] 潘宗涛,陈志强,陈志彪,等.南方离子吸附型稀土矿区表层土壤稀土有效性及芒萁稀土元素迁移、吸收特征[J].稀土,2019,40(1):1-13.

[22] 关军洪,曹钰,吴天煜,等.北京首云铁矿山废弃地植被修复调查研究[J].中国园林,2017,33(11):13-18.

[23] 刘国华,舒洪岚.矿区废弃地生态恢复研究进展[J].江西林业科技,2003(2):21-25.

[24] 陈海滨,陈志彪,陈志强,等.不同治理年限的离子型稀土矿区土壤生态化学计量特征[J].生态学报,2017,37(1):258-266.

[25] 冯莹雪.矿业棕地公园景观生态化建构对策研究[D].哈尔滨:哈尔滨工业大学,2015.

[26] 杨时桐.稀土废矿区的快速绿化治理技术探讨[J].亚热带水土保持,2009,21(2):61-63.

[27] 涂宏章,陈志彪,余明.稀土矿废弃区的治理途径探讨[J].福建环境,2002

　　　(1):24-37.

[28] 简丽华.桉树实木利用树种、种源引种试验研究[J].现代农业科技,2012
　　　(10):198,210.

[29] 高国雄,高保山,周心澄,等.国外工矿区土地复垦动态研究[J].水土保持研
　　　究,2001(1):98-103.

[30] 包维楷,刘照光,刘庆.生态恢复重建研究与发展现状及存在的主要问题[J].
　　　世界科技研究与发展,2001(1):44-48.

[31] 屠世浩,陈宜先.煤矿开采对环境的影响及其对策研究[J].矿业研究与开发,
　　　2003(4):8-10.

[32] 徐晓春.安徽铜陵林冲尾矿库重金属元素分布与迁移及其环境影响[C].中国
　　　地质学会,2004:4.

[33] 刘瑞兰,陈建平,李建辉,等.华北铀矿冶辐射环境安全状况及监管对策研究
　　　[J].铀矿冶,2017,36(2):151-154.

[34] 李金霞,殷秀琴,包玉海.北方农牧交错带东段土地沙质荒漠化监测——以扎
　　　鲁特旗为例[J].中国沙漠,2007(2):221-228.

[35] 郑春丽,张志彬,刘启容,等.稀土尾矿库区土壤中稀土形态分布规律研究
　　　[J].稀土,2016,37(2):73-80.

[36] 杨铁良.煤矿城市的国土整治问题[J].国土与自然资源研究,1993(2):8-9,
　　　13.

[37] 潘明才.中国土地复垦概况及发展趋势与对策[J].资源·产业,2000(7):4-
　　　6.

[38] 李永庚,蒋高明.矿山废弃地生态重建研究进展[J].生态学报,2004(1):
　　　95-100.

[39] 胡振琪,魏忠义,秦萍.矿山复垦土壤重构的概念与方法[J].土壤,2005(1):
　　　8-12.

[40] 黄义雄.厦门海沧采石废弃地景观生态重建探究[J].福建师范大学学报(自
　　　然科学版),2002(1):112-115.

[41] Wei J B,Xiao D N,Zeng H. Sustainable development of an agricultural sys-
　　　tem under ecological restoration based on emergy analysis:a case study in
　　　northe astern China[J]. International Journal of Sustainable Development

and World Ecology,2008,15(2):103-112.

[42] Schroder B. Pattern,process,and function in landscape ecology and catchment hydrology-how can quantitative landscape ecology support predictions in ungauged basins[J]. Hydrology and Earth System Sciences,2006,10:967-979.

[43] Al-Kheder S,Wang J,Shan J. Fuzzy inference guided cellular auto mata urban-growth modelling using multi-temporal satellite images[J]. International Journal of Geographical Information Science,2008,22:1271-1293.

[44] Schroder B,Seppelt R. Analysis of pattern-process interactions based on land scapemodels-overview, general concepts, and method eological issues [J]. Ecological Modelling,2006,199(4):505-516.

[45] Tian G J,Wu J G. Simulating land use change with agent-based models:progress and prospects[J]. Acta Ecologica Sinica,2008,28(9):4451-4459.

[46] Skarpe C. Plant functional types and climate in a southern african savanna [J]. Journal of Vegetation Science,1996,7:397-404.

[47] Mather A S,Fairbairn J,Needle C L. The course and drivers of the forest transition:the case of France[J]. Journal of Rural Studies,1999,15:65-90.

[48] 阎允庭.唐山采煤塌陷区土地复垦与生态重建模式研究(英文)[A].中国土地学会.面向21世纪的矿区土地复垦与生态重建——北京国际土地复垦学术研讨会论文集[C].中国土地学会,2000:11.

[49] 卢全生,张文新.煤矿塌陷区土地复垦的模式[J].中州煤炭,2002(4):17-18.

[50] 魏文俊,李仕明,张作金.谈地面塌陷的影响因素及防治措施[J].山东冶金,2001(1):1-2.

[51] 高群.生态-经济系统恢复与重建的基础理论研究[J].地理与地理信息科学,2004(5):72-76.

[52] 陈利顶,刘洋,吕一河,等.景观生态学中的格局分析:现状、困境与未来[J].生态学报,2008(11):5521-5531.

[53] 张平仓,王文龙,唐克丽,等.神府-东胜矿区采煤塌陷及其对环境影响初探[J].水土保持研究,1994(4):35-44.

[54] 孟广涛,柴勇,袁春明,等.云南高黎贡山中山湿性常绿阔叶林的群落特征

[J].林业科学,2013,49(3):144-151.

[55] 胡振琪.我国土地复垦与生态修复30年:回顾、反思与展望[J].煤炭科学技术,2019,47(1):25-35.

[56] 郝清华,汪季,高永.不同植被恢复方式对盐湖周边地区物种多样性影响的研究[J].北方环境,2011,23(6):61-63.

[57] 刘荣增.共生理论及其在我国区域协调发展中的运用[J].工业技术经济,2006(3):19-21.

[58] 郝志远,李素清,李霖,等.山西中条山十八河铜尾矿库自然定居草本植物群落与环境的关系[J].中国农学通报,2019,35(4):54-61.

[59] 王岩.城市道路绿地景观浅析——以北京市大兴区为例[J].西北林学院学报,2013,28(4):218-222.

[60] 袁斯文.铅锌矿废弃地生态修复工程设计及效果研究[D].中南林业科技大学,2015.

[61] 赵耀,王百田.晋西黄土区不同林地植物多样性研究[J].北京林业大学学报,2018,40(9):45-54.

[62] 孟广涛,方向京,柴勇,等.矿区植被恢复措施对土壤养分及物种多样性的影响[J].西北林学院学报,2011,26(3):12-16.

[63] 郭道宇,张金屯,宫辉力,等.安太堡露天矿区人工植被的物种多度分布分析[J].林业科学,2007(3):118-121.

[64] 马世骏,王如松.社会—经济—自然复合生态系统[J].生态学报,1984(1):1-9.

[65] 高国雄,高保山,周心澄,等.国外工矿区土地复垦动态研究[J].水土保持研究,2001(1):98-103.

[66] 周进生,石森.矿区生态恢复理论综述[J].中国矿业,2004(3):11-13.

[67] 张大勇,姜新华,雷光春.理论生态学研究[M].北京:高等教育出版社,2000.

[68] 何东进.武夷山风景名胜区景观格局动态及其环境分析[D].哈尔滨:东北林业大学,2004.

[69] 马从安,才庆祥,王启瑞.胜利矿区景观生态的空间格局分析[J].采矿与安全工程学报,2007(4):490-493.

[70] 王启瑞,才庆祥,马从安,等.胜利露天煤矿重金属污染评价[J].煤炭科学技术,2006(10):72-73,78.

[71] 梁留科,常江,吴次芳,等.德国煤矿区景观生态重建、土地复垦及对中国的启示[J].经济地理,2002(6):711-715.

[72] 莫测辉,蔡全,王江海,等.城市污泥在矿山废弃地复垦的应用探讨[J].生态学杂志,2001(2):44-47,51.

[73] 孙翠玲,顾万春.矿区及废弃矿造林绿化工程——恢复废弃矿生态环境的必由之路[J].世界林业研究,1995(2):30-35.

[74] 张成梁,B.Larry Li.美国煤矿废弃地的生态修复[J].生态学报,2011,31(1):276-285.

[75] 彭少麟.恢复生态学与热带雨林的恢复[J].世界科技研究与发展,1997(3):58-61.

[76] 解焱.恢复中国的天然植被[J].西部大开发,2003(3):22-24.

[77] 刘海龙.采矿废弃地的生态恢复与可持续景观设计[J].生态学报,2004(2):323-329.

[78] 黄铭洪,骆永明.矿区土地修复与生态恢复[J].土壤学报,2003(2):161-169.

[79] 束文圣,蓝崇钰,张志权.凡口铅锌尾矿影响植物定居的主要因素分析[J].应用生态学报,1997(3):314-318.

[80] 王世绩,刘雅荣,刘建伟,等.废矿区复垦造林田的立地基本特征[J].土壤通报,1995(1):31-33.

[81] 翁炳霖.长汀稀土矿堆浸废弃地不同治理年限的生态恢复效果比较[D].福州:福建农林大学,2018.

[82] 吴征镒.中国种子植物属的分布区类型[J].云南植物研究,1991,13(S4):1-198.

[83] 王荷生.中国植物区系的性质和各成分间的关系[J].云南植物研究,2000,22(2):119-126.

[84] 吴征镒,周浙昆,李德铢,等.世界种子植物科的分布区类型系统[J].云南植物研究,2003,25(3):1-10.

[85] 马毓泉,富象乾,陈山.内蒙古植物志[M].内蒙古:内蒙古人民出版社,1992,12.

[86] 朗惠卿.中国湿地植被[M].北京:科学出版社,1999,8.

[87] 戴宝合.野生植物资源学[M].北京:中国农业出版社,2003,8.

[88] 王慧.乌海市甘德尔山矿山植被恢复试验示范区规划设计[D].呼和浩特:内

蒙古农业大学,2018.

[89] 李明燕.暖温带四种常见乔木幼苗对水分等生态因子的生理生态学响应机制[D].济南:山东大学,2018.

[90] 史君怡.间伐和林下引种对人工刺槐林群落特征的影响[D].杨凌:西北农林科技大学,2018.

[91] 周择福,王延平,张光灿.五台山林区典型人工林群落物种多样性研究[J].西北植物学报,2005(2):321-327.

[92] 邱汉周,金晓玲,胡希军.潘集采煤塌陷区的分区规划与生态保护[J].中南林业科技大学学报,2011,31(12):75-79.

[93] 王韵,王克林,邹冬生,等.广西喀斯特地区植被演替对土壤质量的影响[J].水土保持学报,2007,21(6):130-134.

[94] 卫智军,李青丰,贾鲜艳,等.矿业废弃地的植被恢复与重建[J].水土保持学报,2003,17(4):172-175.

[95] 赵培红.包头市城市建成区园林绿地植物应用现状及多样性研究[D].杨凌:西北农林科技大学,2008.

[96] 秦文展.露天铝土矿生态恢复过程中生物多样性研究[D].长沙:中南大学,2011.

[97] 陈灵芝,钱迎倩.生物多样性科学前沿[J].生态学报,1997(6):3-10.

[98] 张佩.香根草对土壤中 Pb、Zn 和 Cd 形态、迁移影响及对铅锌矿尾矿的修复[D].桂林:广西师范大学,2008.

[99] 魏婉.不同植被恢复模式对土壤质量的影响[D].北京:北京林业大学,2010.

[100] 张超,刘国彬,薛萐,等.黄土丘陵区不同林龄人工刺槐林土壤酶演变特征[J].林业科学,2010,46(12):23-29.

[101] 张巧明.秦岭南坡中段主要植物群落及物种多样性研究[D].杨凌:西北农林科技大学,2012.

[102] 张茜.沈阳典型自然植物群落与人工植物群落比较[D].沈阳:沈阳大学,2014.

[103] 吕春花,郑粉莉.黄土高原子午岭地区植被恢复过程中的土壤质量评价[J].中国水土保持科学,2009,7(3):12-18,29.

[104] 杨越,哈斯,孙保平,等.植被恢复类型对土壤物理性质的影响研究[J].灌溉

排水学报,2012,31(1):15-18.

[105] 孙荣,袁兴中,刘红,等.三峡水库消落带植物群落组成及物种多样性[J].生态学杂志,2011,30(2):208-214.

[106] 公慧珍,李升峰.江苏东台滩涂垦区植物群落演替及多样性梯度变化研究[J].生态科学,2015,34(6):16-21.

[107] 徐远杰,陈亚宁,李卫红,等.伊犁河谷山地植物群落物种多样性分布格局及环境解释[J].植物生态学报,2010,34(10):1142-1154.

[108] 李冰,谢小康,廖富林,等.香根草对稀土矿废弃地土壤环境影响分析——以广东平远稀土矿为例[J].嘉应学院学报,2011,29(5):60-64.

[109] 刘胜洪,王桂莹,颜燕如,等.3种草本植物的抗旱性及重金属吸附能力研究[J].水土保持研究,2015,22(2):284-289.

[110] 岳军伟,杨桦,王丽艳,等.南方稀土矿山植被恢复研究进展[J].江西林业科技,2013(5):38-41.

[111] 王昭艳,左长清,曹文洪,等.红壤丘陵区次降雨条件下果园不同间套种模式径流与泥沙输移特征[J].水土保持学报,2011,25(4):74-78.

[112] 赵陟峰,郭建斌,景峰,等.山西葛铺煤矿矿区废弃地植被恢复与重建技术[J].水土保持研究,2009,16(2):92-94,100.

[113] 卫智军,杨静,杨尚明.荒漠草原不同放牧制度群落稳定性研究[J].水土保持学报,2003(6):121-124.

[114] 孟凡超,王玉杰,赵占军,等.重庆市桃花溪受损河岸植被恢复初期物种多样性变化及其对土壤环境效应的影响[J].水土保持研究,2011,18(4):126-131.

[115] 蒋芳市,黄炎和,林金石,等.不同植被恢复措施下红壤强度侵蚀区土壤质量的变化[J].福建农林大学学报(自然科学版),2011,40(3):290-295.

[116] 王会利,乔洁,曹继钊,等.红壤侵蚀裸地不同植被恢复后林地土壤微生物特性的研究[J].土壤,2009,41(6):952-956.

[117] Zhou L Y, Li Z L, Liu W, et al. Restoration of rare earth mine areas: organic amendments and phytoremediation[J]. Environ Sci Pollut Res, 2015,22(21):17151-17160.

[118] 宋楠.煤矸石山坡面覆盖对土壤改良和植被恢复的影响研究[D].北京:北京

林业大学,2012.

[119] 蔡燕,王会肖.黄土高原丘陵沟壑区不同植被类型土壤水分动态[J].水土保持研究,2006(6):79-81.

[120] 陈同斌,黄泽春,黄宇营,等.砷超富集植物中元素的微区分布及其与砷富集的关系[J].科学通报,2003(11):1163-1168.

[121] 陈同斌,韦朝阳,黄泽春,等.砷超富集植物蜈蚣草及其对砷的富集特征[J].科学通报,2002(3):207-210.

[122] 杨肖娥,龙新宪,倪吾钟,等.东南景天——一种新的锌超积累植物[J].科学通报,2002(13):1003-1006.

[123] 程建忠,车丽萍.中国稀土资源开采现状及发展趋势[J].稀土,2010,31(2):65-69.

[124] 郭伟,付瑞英,赵仁鑫,等.内蒙古包头白云鄂博矿区及尾矿区周围土壤稀土污染现状和分布特征[J].环境科学,2013,34(5):1895-1900.

[125] 高叶青,丁彩琴,任冬梅,等.稀土元素富集对白云鄂博矿区8种常见藓类植物生长及其解剖结构特征的影响[J].西北植物学报,2017,37(1):23-31.

[126] 高志强,周启星.稀土矿露天开采过程的污染及对资源和生态环境的影响[J].生态学杂志,2011,30(12):2915-2922.

[127] 库文珍,赵运林,雷存喜,等.锑矿区土壤重金属污染及优势植物对重金属的富集特征[J].环境工程学报,2012,6(10):3774-3780.

[128] 刘胜洪,张雅君,杨妙贤,等.稀土尾矿区土壤重金属污染与优势植物累积特征[J].生态环境学报,2014,23(6):1042-1045.

[129] 刘桃倩.白云鄂博矿山生态环境评价分析及修复措施[D].北京:北京林业大学,2016.

[130] 李小飞.稀土采矿治理地土壤和植被中稀土元素含量及其健康风险评价[D].福州:福建师范大学,2013.

[131] 李春林,许剑平,祁传磊,等.团粒喷播生态修复技术在高盐性尾矿堆场的应用——包钢集团尾矿库坝体生态修复项目的实践经验[J].中国城市林业,2015,13(1):14-18.

[132] 李小飞,陈志彪,陈志强.南方稀土采矿恢复地土壤稀土元素含量及植物吸收特征[J].生态学杂志,2013,32(8):2126-2132.

[133] 苗莉,徐瑞松,马跃良,等.河台金矿矿山土壤-植物稀土元素含量分布和迁移积聚特征[J].生态环境,2008(1):350-356.

[134] 潘洋,冯秀娟,马彩云,等.基于 GIS 的离子型稀土堆浸尾矿区稀土分布研究[J].稀土,2015,36(3):9-13.

[135] 石润,吴晓芙,李芸,等.应用于重金属污染土壤植物修复中的植物种类[J].中南林业科技大学学报,2015,35(4):139-146.

[136] 孙月美,宁国辉,刘树庆,等.耐受性植物油葵和棉花对镉的富集特征研究[J].水土保持学报,2015,29(6):281-286.

[137] 王庆仁,崔岩山,董艺婷.植物修复——重金属污染土壤整治有效途径[J].生态学报,2001(2):326-331.

[138] 张立锋.白云鄂博矿区植物和土壤中稀土分布特征研究[A].中国稀土学会理化检验专业委员会、中国稀土行业协会检测与标准分会.第十五届全国稀土分析化学学术研讨会论文集.中国稀土学会理化检验专业委员会、中国稀土行业协会检测与标准分会:中国稀土学会,2015,9.

[139] 郑春丽,张志彬,刘启容,等.稀土尾矿库区土壤中稀土形态分布规律研究[J].稀土,2016,37(2):73-80.

[140] 朱建华,徐群英,袁兆康,等.稀土污染环境的致突变研究[J].江西医学检验,2006(5):385-387.

[141] 张静,郑春丽,王建英,等.北方稀土尾矿库周边重金属污染调查[J].环境科学与技术,2016,39(4):144-148.

[142] Akinsanya,O. U. Utoh,U. D. Ukwa. Toxicological,phytochemical and anthelminthic properties of rich plant extracts on clarias gariepinus[J]. The Journal of Basic & Applied Zoology,2016,74.

[143] Elza Kovács,William E. Dubbin,János Tamás. Influence of hydrology on heavy metal speciation and mobility in a Pb-Zn mine tailing[J]. Environmental Pollution,2005,141(2).

[144] Jie Ouyang,Xiaodong Wang,Bing Zhao,et al. Effects of rare earth elements on the growth of cistanche deserticola cells and the production of phenylethanoid glycosides[J]. Journal of Biotechnology,2003,102(2).

[145] Melissa B. Fraser,G. Jock Churchman,David J. Chittleborough,et al.

Reprint of effect of plant growth on the occurrence and stability of paly-gorskite,sepiolite and saponite in salt-affected soils on limestone in South Australia[J]. Applied Clay Science,2016,131.

[146] Soumyadeep. Mukhopadhyay,Mohd. Ali Hashim,Jaya Narayan Sahu,et al. Comparison of a plant based natural surfactant with SDS for washing of as(V) from Fe rich soil[J]. Journal of Environmental Sciences,2013,25 (11):2247-2256.

[147] Victor Wilson-Corral,Christopher Anderson,Mayra Rodriguez-Lopez,et al. Phytoextraction of gold and copper from mine tailings with helianthus annuus L. and kalanchoe serrata L[J]. Minerals Engineering,2011,24 (13).

[148] Wei-qiu Liu,Yong-sheng Song,Bin Wang,et al. Nitrogen fixation in biotic crusts and vascular plant communities on a copper mine tailings[J]. European Journal of Soil Biology,2012,50.

[149] Zhang Z Y,Wang Y Q,Li F L,et al. Distribution characteristics of rare earth elements in plants from a rare earth ore area [J]. Journal of Radio analytical and Nuclear Chemistry,2002,252(3): 461-465.

[150] Zhao Zhang,Bart P・H・J・Thomma. Structure-function aspects of extra-cellular leucine-rich repeat-containing cell surface receptors in plants[J]. Journal of Integrative Plant Biology,2013,55(12):1212-1223.

[151] Wang Jiachen,Liu Xiangsheng,Yang Jun,et al.. Development and prospect of rare earth functional biomaterials for agriculture in China[J]. Journal of Rare Earths,2006,24(1).

[152] 李凡庆,毛振伟,朱育新,等.铁芒萁植物体中稀土元素含量分布的研究[J]. 稀土,1992(5):16-19.

[153] 冯海艳,刘茵,冯固,等.接种 AM 真菌对黑麦草吸收和分配 Cd 的影响[J]. 农业环境科学学报,2005(3):426-431.

[154] 黄艺,陈有键,陶澍.菌根植物根际环境对污染土壤中 Cu、Zn、Pb、Cd 形态的影响[J].应用生态学报,2000(3):431-434.

[155] 林启美,赵小蓉,孙焱鑫,等.四种不同生态系统的土壤解磷细菌数量及种群

分布[J]. 土壤与环境,2000(1):34-37.

[156] 林启美,王华,赵小蓉,等. 一些细菌和真菌的解磷能力及其机理初探[J]. 微生物学通报,2001(2):26-30.

[157] 李登武,王冬梅,贺学礼. 丛枝菌根真菌对烟草钾素吸收的研究[J]. 应用生态学报,2003(10):1719-1722.

[158] 刘茵,孔凡美,冯固,等. 丛枝菌根真菌对紫羊茅镉吸收与分配的影响[J]. 环境科学学报,2004(6):1122-1127.

[159] 倪才英,陈英旭,骆永明. 红壤模拟铜污染下紫云英根表形态及其组织和细胞结构变化[J]. 环境科学,2003(3):116-121.

[160] 倪才英,陈英旭,骆永明,等. 紫云英(Astragalus siniucus L.)对重金属胁迫的响应[J]. 中国环境科学,2003(5):56-61.

[161] 魏杰,闫伟. 油松外生菌根真菌名录[J]. 北方园艺,2015(3):126-130.

[162] 付瑞英. 丛枝菌根真菌在稀土-重金属复合污染土壤植物修复中的作用研究[D]. 呼和浩特:内蒙古大学,2014.

[163] Biermann B,Linderman R G. Quantifying vercular-arbuscular mycorrhizas: a proposed method towards standardization[J]. New Phytologist,1981,87(1):63-67.

[164] Phillips J M,Hayman D S. Improved procedures for clearing roots and staining parasitic and vesicular arbuscular mycorrhizal fungi for rapid assessment of infection[J]. Transactions of British Mycological Society,1970,55(1):158-160.

[165] 胡振琪,杨秀红,高爱林,等. 镉污染土壤的菌根修复研究[J]. 中国矿业大学学报,2007(2):237-240.

[166] 张旭红,王丽明,张莘,等. 丛枝菌根真菌对 Cu、Pb 处理下旱稻氧化胁迫的影响(英文)[J]. Agricultural Science & Technology,2014,15(1):123-126,131.

[167] 张成梁,王伟,黄艺,等. 外生菌根真菌及其接种白皮松生长对煤矸石胁迫的反应[J]. 林业科学,2008,44(12):68-71.